かんたん
IT基礎講座

ゼロからわかる
Python超入門

株式会社フルネス
佐藤美登利［著］

技術評論社

ご注意

ご購入・ご利用の前に必ずお読みください。

- 本書に記載された内容は、情報提供のみを目的としています。したがって、本書を用いた運用は、必ずお客様自身の責任と判断によって行ってください。これらの情報の運用の結果について、技術評論社および著者はいかなる責任も負いません。
- 本書記載の情報は、2018年5月現在のものを記載していますので、ご利用時に変更されている場合もあります。ソフトウェアに関する記述は、特に断りのない限り、2018年5月現在での最新バージョンをもとにしています。ソフトウェアはバージョンアップされる場合があり、本書での説明と異なる場合がありえます。
- 本書の使用するサンプルファイルなどは以下のURLから入手できます。

  http://gihyo.jp/book/2018/978-4-7741-9830-9/support

  詳しくは「サンプルファイルについて」をお読みになったうえでご利用ください。
- 本書の内容およびサンプルファイルに収録されている内容は、以下の環境にて動作確認を行っています。

OS	Windows 10 Home 64ビット版
Python	Python 3.6.5 64ビット版

上記以外の環境をお使いの場合、操作方法、プログラムの動作などが本書内の表記と異なる場合があります。あらかじめご了承ください。

本書で紹介し、ダウンロードにて提供されるプログラムの著作権は、すべて著作権者に帰属します。これらのデータは本書の利用者に限り、個人・法人を問わず無料で利用できますが、再転載および再配布などの二次利用は禁止いたします。

以上の注意事項をご承諾いただいたうえで、本書をご利用ください。

はじめに

プログラミングをはじめて学ぼうと思ったとき、まずに考えるのは「何のプログラミング言語を学ぼう？」ということではないでしょうか。授業で使う・仕事で使うというような明確な目的がある場合は良いですが、そうではない場合は何を選んだら良いかを悩むことでしょう。

そんなとき、Pythonはとても良い選択肢の一つです。

Pythonはシンプルな書き方であることから、初級者向けのわかりやすいプログラミング言語だと言われています。また、最近では機械学習の分野で注目されていますが、もともと欧米の企業や研究機関でよく利用されていたため、Webやスマホ向けアプリ、画像や動画の処理などさまざまな分野でのノウハウが蓄積されています。そのため、これから先自分がプログラムを使って何をしたいかを考えたときにさまざまな選択肢を持つことが可能となるのがPythonです。

本書はコンピュータの作業自体が苦手な人でも、はじめてプログラミング言語を学ぶために必要な知識からPythonでファイルを使った作業ができるようになるまでを学習していきます。

本書を読み進める前に、最後のChapter 13の練習問題のページを開いてみてください。おそらく、まったく解答方法も思いつかないでしょう（簡単！と思った人は、もっとレベルの高い書籍に挑戦してみてください）。

まずは基本的な知識を学び、コンピュータでの作業への苦手意識を減らしていきましょう。そして、自由にコンピュータを操れる喜びを味わってください。そして、本書を読み終わる頃には、Chapter 13の練習問題が「簡単！」と言えるようになっているはずです。

新しいことを学習する際に大事なのは、昨日の自分とどれくらい成長したかを比べることです。本書を読む前と読み終わった後で自分がどれだけ成長したかを感じ、自信を持って次のステップにつなげてください。

2018年5月　佐藤 美登利

目次

CHAPTER 11
ファイルの読み書きをしよう 189

CHAPTER 12
正規表現について学ぼう 205

CHAPTER 13
エラーの対処方法を学ぼう 219

サンプルファイルについて

本書で使用するサンプルファイルは下記Webサイトよりダウンロードできます。

http://gihyo.jp/book/2018/978-4-7741-9830-9/support

samplecode.zipを解凍すると、以下のようなフォルダ構成になっています。

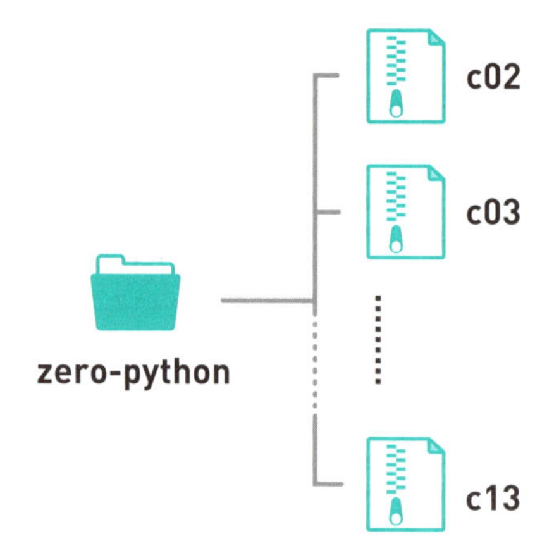

zero-pythonフォルダをCドライブの直下に移動すると、本文での説明と合致します。macOSやLinuxにおいても、適当な場所に移動してからサンプルファイルを実行してください。

● 練習問題のサンプルファイルについて

上記URLから練習問題の解答例となるサンプルファイルをダウンロードできます。

practicecode.zipを解凍し、適当な場所に移動して実行すると、解答例の動作を確認することができます。

CHAPTER

1

プログラミングをはじめる前に知っておこう

本Chapterでは、プログラミングをはじめる前に知っておくべき基礎知識について学びましょう。

1-1 プログラムが動くしくみを学ぼう

プログラミングについて学んでいく前に、そもそもコンピュータ上でプログラムがどのように動くのかについて学びましょう。

1-1-1 コンピュータのしくみ

コンピュータは、さまざまな部品の組み合わせで動いています。その中でも、プログラミングに特に関わりが深い部品が**CPU**(Central Processing Unit)と**メモリ**(Memory)です(**図1-1**)。

CPUは中央演算装置とも呼ばれ、計算などの処理を行う、いわばコンピュータの頭脳にあたる部品です。メモリは計算を実行する際に、一時的にデータや作業状況を保存しておくための部品です。

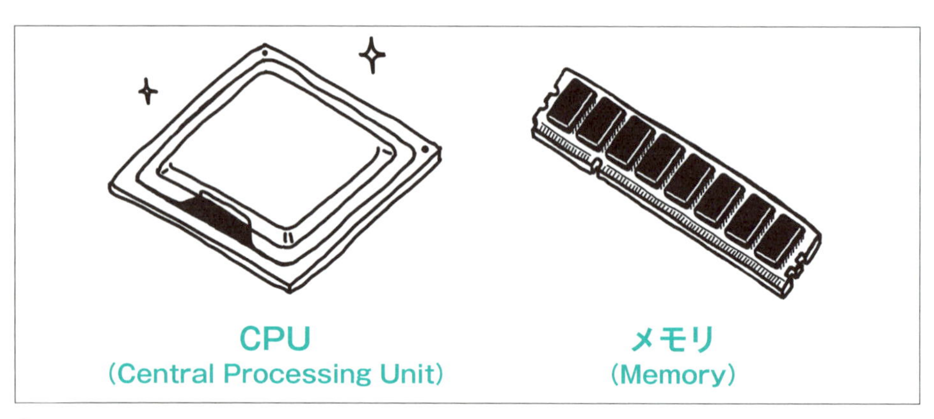

● 図1-1 CPUとメモリ

1-1-2 人間とコンピュータが理解できる言語の違い

人間が使う言語には、日本語や英語など数多くの種類が存在します。それらの言語を使う人たちは、言葉が意味する内容を理解したうえでその言語を使っています。

たとえば、日本語で「りんご」という果物は、英語では「Apple」となります。もし日本語しかわからない人に「Apple」と言っても、それが「りんご」を意味しているとは理解できません(**図1-2**)。

図1-2　人間が理解できる言語

機械語とは

同様に、コンピュータに処理を実行してもらうには、理解できる言語で伝えてあげる必要があります。このコンピュータが理解できる言語を**機械語**と言います。

コンピューターは、電気信号のOnとOffの組み合わせを言葉として理解しています。Onを「1」、Offを「0」で表し、8つの「1」と「0」を1つのかたまりとして、それを言葉として認識するのです。このかたまりを**バイト**(byte)と言います。

コンピュータはバイト単位でデータを読み込み、CPUやメモリを使って計算を実行しますが、人間にとって「0」と「1」のかたまりである機械語をそのままで理解することはとても大変です(図1-3)。

図1-3　人間にとって機械語はとても理解しくい

コンパイルとは

そこで、コンピュータに実行してもらいたい処理や作業の順番を機械語でなく、人間が理解しやすい言語で書いていきます。この言語を**プログラミング言語**と言い、処理や作業の順番を書いた内容を**ソースコード**と言います。

しかし、ソースコードのままだとコンピュータは理解できません。そこでソースコードを機械語に翻訳してあげる必要があります。この作業を**コンパイル**と言います(図1-4)。

● 図1-4　コンパイルは翻訳作業のようなもの

1-1-3 いろいろなプログラミング言語

プログラミング言語にはいろいろな種類がありますが、プログラムの実行方法に注目すると、以下の2つに分けることができます。

・コンパイラ方式
・インタープリタ方式

● コンパイラ方式

コンパイラ方式とは、ソースコードをコンパイルすると、コンピュータがそのまま実行できる機械語に変換される方式のことです。実行する際にソースコードや他のプログラムを必要としないため、実行速度が速いことが大きな特徴です。

主なコンパイラ方式の言語として、C言語などがあります。

● インタープリタ方式

インタープリタ方式とは、ソースコードをコンパイルしながら実行したり、コンパイルによって、実行用のプログラムで動作する専用機械語（バイトコード）に変換されてから実行される方式のことです。

この方式のプログラムを実行するには、ソースコードまたはバイトコードと、コンパイルや実行を行うプログラム（インタープリタ）の2つが必要になります。そのためコンパイラ型と比べて実行速度は遅くなります。

主なインタープリタ方式の言語として、本書で扱うPythonの他に、RubyやPHPなどがあります。

● Pythonはインタープリタ方式の言語

Pythonはインタープリタ方式の言語ですので、ソースコードを書いたファイルをPythonの実行用プログラムに渡すことによって、Pythonで書いたプログラムを実行しています。

1-2 コマンドでの操作をマスターしよう

Pythonを使ってプログラムを実行するには、コマンドという命令を直接キーボードから打ち込んで実行します。ここでは、コマンドの実行方法について学びましょう。

1-2-1 コマンドプロンプトの起動

コマンドを実行するには、コマンド実行用のアプリケーションを使用します。Windowsはコマンドプロンプト、macOSやLinuxはターミナル（**図1-5**）という名前のアプリケーションです。

```
— -bash — 80×24
Last login: Fri Mar 24 16:33:49 on ttys009
@ ~$
```

● **図1-5　ターミナル**

Windows 10のコマンドプロンプトは、Windowsキー（⊞）の右にある検索ボックスで「コマンドプロンプト」と入力すると見つかります❶❷（**図1-6**）。

● **図1-6　Windows 10で「コマンドプロンプト」を検索する**

検索結果を選択すると、コマンドプロンプトが起動します(注1)(図1-7)。

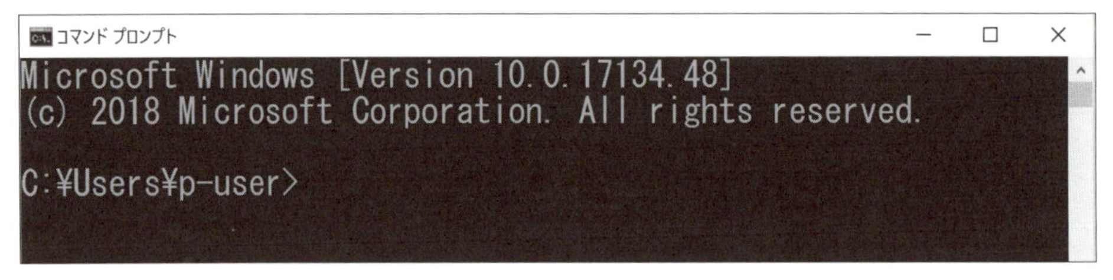

● 図1-7　起動直後のコマンドプロンプト

1-2-2 パス

● パスとは

コマンドプロンプト画面では、図1-8①の一番後ろにカーソルがあり、ここから文字を入力できるようになっています。

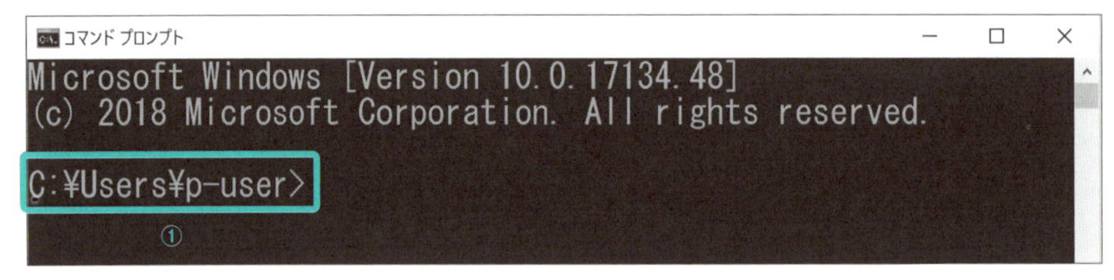

● 図1-8　プロンプトの表示

図1-8①で示した部分のことを**プロンプト**と呼びます。たとえば、Windowsユーザー名がp-userの場合にはプロンプトは図1-9のような表示になっています。

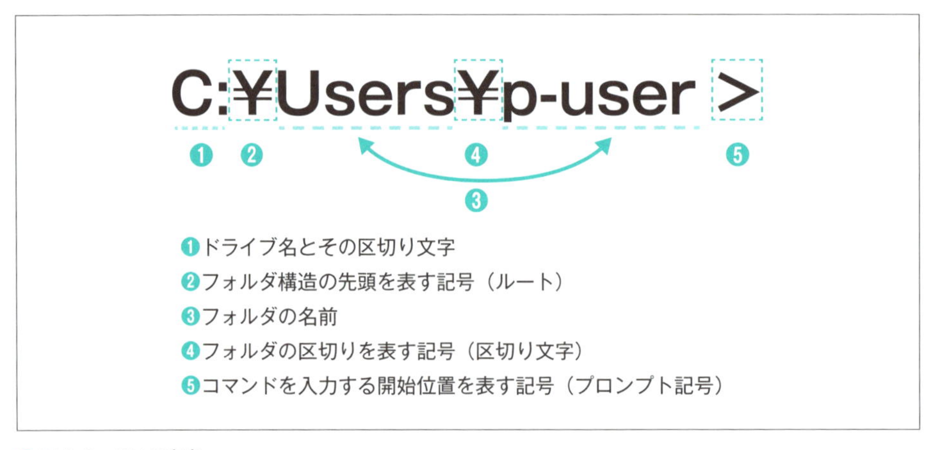

● 図1-9　パスの内容

（注1）　メニューから起動する場合は、Windowsアイコンをクリックし、「Windowsシステムツール」－「コマンドプロンプト」を選択します。

図1-9の場合、「Cドライブにある Users フォルダの下のユーザー名（p-user）フォルダ」という意味になります。このように、コンピュータ上のフォルダやファイルの場所を示す文字列を**パス**と言います。

また「C:¥Users¥p-user」という文字列は、今現在、自分がどの場所で作業を行おうとしているかを示します。この場所のことを**カレントフォルダ**（カレントディレクトリ）と言います。

COLUMN

フォルダとディレクトリ

ファイルをまとめておく場所をフォルダと言いますが、ディレクトリとも言います。意味的な違いはほとんどありませんが、一般的にコマンドプロンプトのようにアイコンが見えない場所で作業を行う際はディレクトリ、Windowsのエスクプローラーのようにアイコンが見える場所で作業を行う場合はフォルダと呼ぶことが多いです。また、プログラミングの世界ではどちらの場合もディレクトリと呼ぶ人が多いように思います。

厳密には違いがありますが、本書では混乱を避けるためすべて「フォルダ」と言う呼び方に統一して解説しています。

絶対パスとは

コンピュータにおけるフォルダの構造は、図1-10のような木構造になっています。

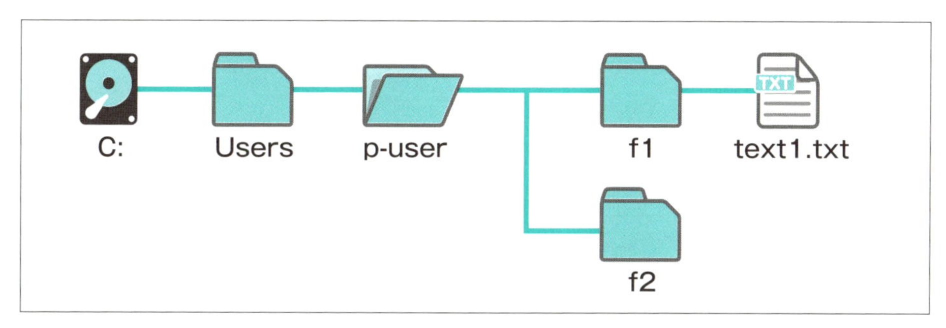

図1-10　フォルダの構造

木構造の一番上（Windowsでは「ドライブ名:¥」、macOSやLinuxでは「/」）を**ルート**と言います。このルート以下にあるフォルダの区切りを表すには、Windowsでは「¥」、macOSやLinuxでは「/」の記号を使用します。

ルートから順番に目的のフォルダやファイルの場所までを指定したパスを**絶対パス**と言います。

● 相対パスとは

カレントフォルダから見て、目的のフォルダやファイルがどこにあるかを示したパスを**相対パス**と言います。

相対パスを表す記号として以下の2つがあります。ただし、カレントフォルダを表す記号「.¥」は省略可能です。

- カレントフォルダを表す「.¥」(maxOS、Linuxの場合は「./」)
- 1つ上のフォルダを表す「..¥」(macOS、Linuxの場合は「../」)

たとえば、**図1-11**でカレントフォルダが「C:¥Users¥p-user」だった場合、1つ下にあるf1フォルダは「.¥f1」または「f1」、1つ上にあるUsersフォルダは「..¥」と表すことができます。

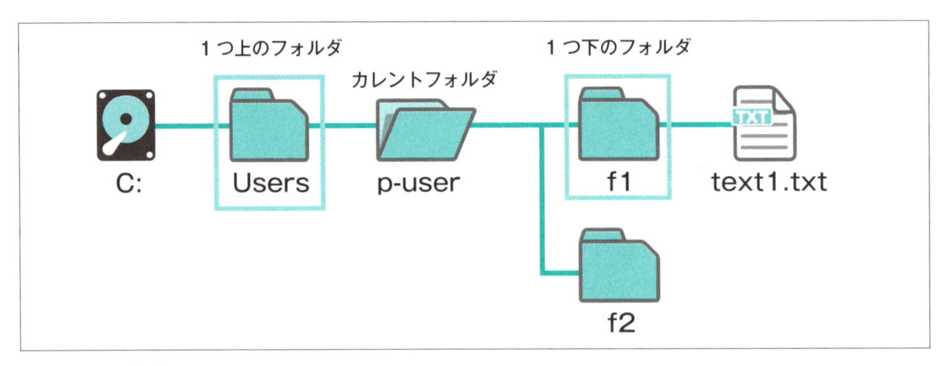

● 図1-11　相対パス

また、図1-11のtext1.txtを絶対パスと、カレントフォルダ「C:¥Users¥p-user」の場合の相対パスで表したのが**表1-1**です。

● 表1-1　text1.txtの絶対パスと相対パス

絶対パス	相対パス
C:¥Users¥p-user¥f1¥text1.txt	f1¥text1.txt (または .¥f1¥text1.txt)

1-2-3 コマンドの利用

コマンドプロンプトでは、**コマンド**というあらかじめ決められたキーワードを入力して作業を行います。またコマンドを実行する際に、一緒に何か指定したい内容がある場合は、文字列の間に半角スペースを入れて区切ります。

● 新しいフォルダの作成

ここではコマンドの使い方の練習として、新しいフォルダを作成してみましょう。

新しくフォルダを作成するコマンドは「mkdir」コマンドです。スペースで区切って、作成したいフォルダの名前を指定すると、新しいフォルダを作成できます。

● **書式：mkdirコマンドの書き方**

```
mkdir　作成したいフォルダのパスと名前
```

たとえば、カレントフォルダに「f1」「f2」という名前のフォルダを作成する場合は、**図1-12**のように実行します。

```
C:¥Users¥p-user>mkdir f1
C:¥Users¥p-user>mkdir .¥f2
```

● **図1-12　mkdirコマンドによるフォルダの作成例（その1）**

また絶対パスを使って作成することも可能です（**図1-13**）。

```
C:¥Users¥p-user>mkdir C:¥zero-python¥test
```

● **図1-13　mkdirコマンドによるフォルダの作成例（その2）**

図1-13が正しく実行されていれば、C:¥zero-pythonフォルダの下にtestフォルダができているはずです（**図1-14**）。

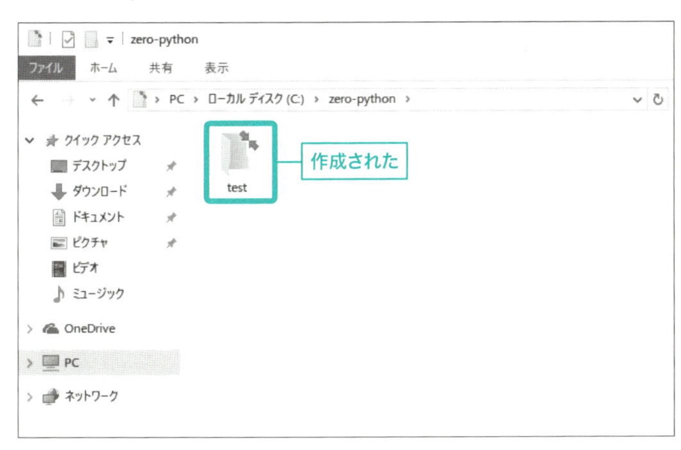

● **図1-14　エクスプローラーでの確認**

カレントフォルダの変更

今現在いるフォルダ(カレントフォルダ)を変更する場合、「cd」コマンドを使います。

書式：cdコマンドの書き方

```
cd 移動したいフォルダのパス
```

図1-12で作成した「f2」フォルダに移動した例が**図1-15**です。プロンプトの表示が変わっていることが確認できます。

```
C:¥Users¥p-user>cd f2

C:¥Users¥p-user¥f2>  ——— カレントフォルダが変更された
```

図1-15 cdコマンドによるフォルダ移動例(その1)

また移動したいフォルダのパスを、絶対パスで入力して実行することも可能です(**図1-16**)。

```
C:¥Users¥p-user¥f2>cd C:¥zero-python¥test

C:¥zero-python¥test>
```

図1-16 cdコマンドによるフォルダ移動例(その2)

1-3 Pythonをインストールしよう

ここでは、Python を実行するために必要なソフトウェアのインストールを行います。

1-3-1 インストールする前の準備

Pythonのインストールやファイルを実行する前に、ファイルの正しい名前を知る必要があります。

ファイル名には、ファイル名の他に使用するアプリケーションを表す拡張子という名前が付けられています。Windowsの最初の設定では、勝手な変更を防ぐために拡張子を表示しないようになっています。しかし、プログラミングでファイルを使用する場合、拡張子も含め正しいファイル名にしておく必要があります。

正しい名前がエクスプローラーでも見えるようにするために、表示の設定を行いましょう。

エクスプローラーを開いて、上の「表示」と書かれている個所をクリックし❶、「ファイル名拡張子」というチェックボックスにチェックを入れると❷、拡張子も含めたファイルの正しい名前が表示されるようになります（図1-17）。

● 図1-17　拡張子の表示

1-3-2 必要なアプリケーション

Pythonでプログラミングを行うには、Pythonをコンパイル・実行するためのアプリケーションと、Pythonのソースコードを書くためのアプリケーションが必要です。

1-3-3 Pythonのインストール

インストーラのダウンロード

まず、Pythonをコンパイル・実行するためのアプリケーションを準備しましょう。

ブラウザを起動して、Pythonの公式サイト（https://www.python.org/）にアクセスします。

Python公式サイト上部にある「Downloads（注2）」を選択し❶、「Python3.6.x（注3）」をクリックすると❷、ダウンロードが開始します（注4）（図1-18）。

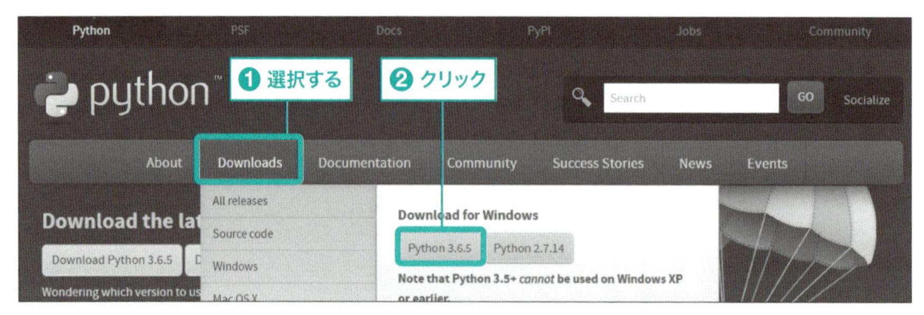

図1-18　Pythonインストーラのダウンロード

Pythonのインストール

ダウンロードしたpython-3.6.x.exeをダブルクリックすると、図1-19の画面が表示されます。「Add Python 3.6 to PATH」にチェックを入れ❶、「Install Now」をクリックすると❷、インストールが開始します。

図1-19　Pythonのインストール（その1）

TIPS

（注2）　2018年5月現在、Windows 10 64ビット版で「Python 3.6.x」をクリックすると、32ビット版インストーラがダウンロードされます。今後改善される可能性もあるため、本書は簡易な方法で解説しています。確実に64ビット版をダウンロードする場合は、「Download」－「Windows」を選択し、目的のバージョンの「Windows x86-64 executable installer」をクリックしてください。

（注3）　PythonにはPython 2系とPython 3系があります。本書ではPython 3系を使って学習を進めます。

（注4）　ダウンロードしたファイルは通常「ダウンロード」フォルダに保存されます。

インストールが完了すると、図1-20の画面が表示されますので、「Close」をクリックします❶。

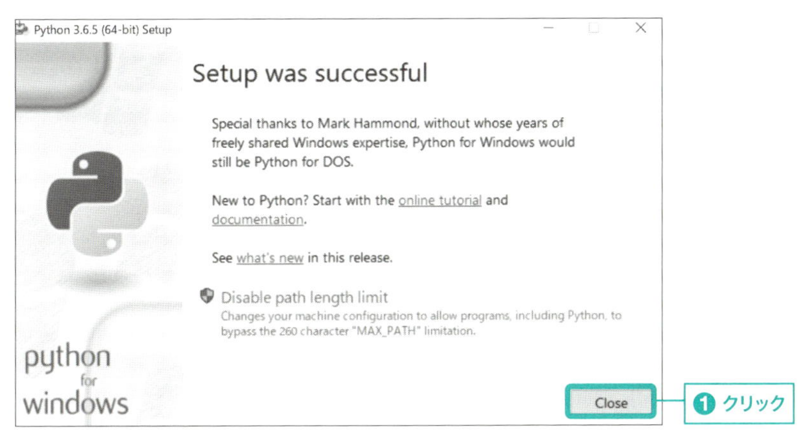

● 図1-20　Pythonのインストール(その2)

1-3-4 Atomのインストール

次に、Pythonのソースコードを書くためのアプリケーションを準備しましょう。

文字以外の余計な情報(文字の大きさや色など)を保存しないアプリケーションのことを**エディタ**と言います。Windowsのメモ帳もエディタの一種です。

しかし、Windowsのメモ帳を使ってPythonのソースコードを書くと、実行した時に日本語を正しく処理できません。これはメモ帳で設定されている文字コード(注5)がShift-JISであるためです。そこでUTF-8という文字コードを扱えるエディタを利用する必要があります。

本書では、Windows以外にmacOSやLinuxでも使える、Atomというエディタを使用します。

● Atomのダウンロード

ブラウザを起動して、Atomの公式サイト(https://atom.io/)にアクセスします。図1-21の画面で「Download」をクリックするとダウンロードが開始します❶。

(注5)　ファイルに保存するときの文字の変換方式のことです。Windowsでは主にShift_JIS、macOSではUTF-8がよく利用されています。Chpater 11のコラムで解説しています。

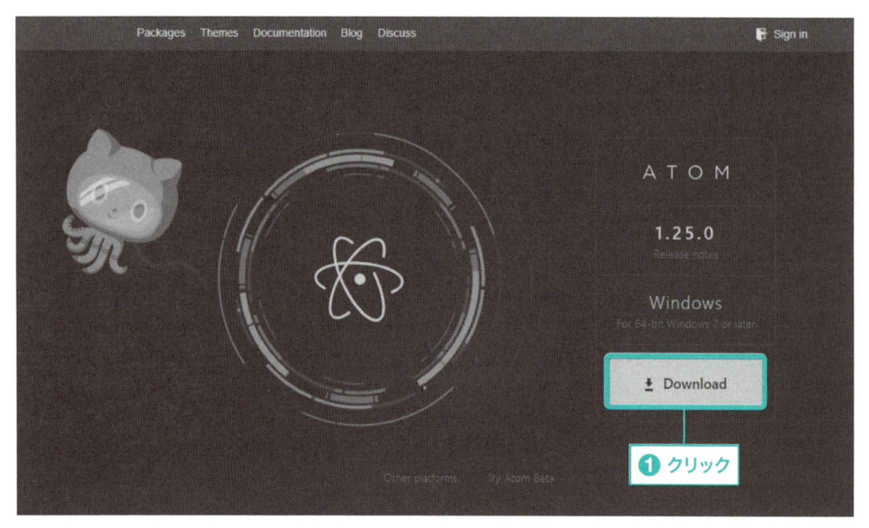

● 図1-21　Atomインストーラのダウンロード

ダウンロードしたAtomSetup-x64.exeをダブルクリックすると、自動的にインストールされてAtomが起動します。

● Atomの日本語化

インストール後に起動するAtomはメニューなどが日本語になっていないため(図1-22)、日本語化の設定を行います。

図1-22にある「Install a Package」をクリックします❶。

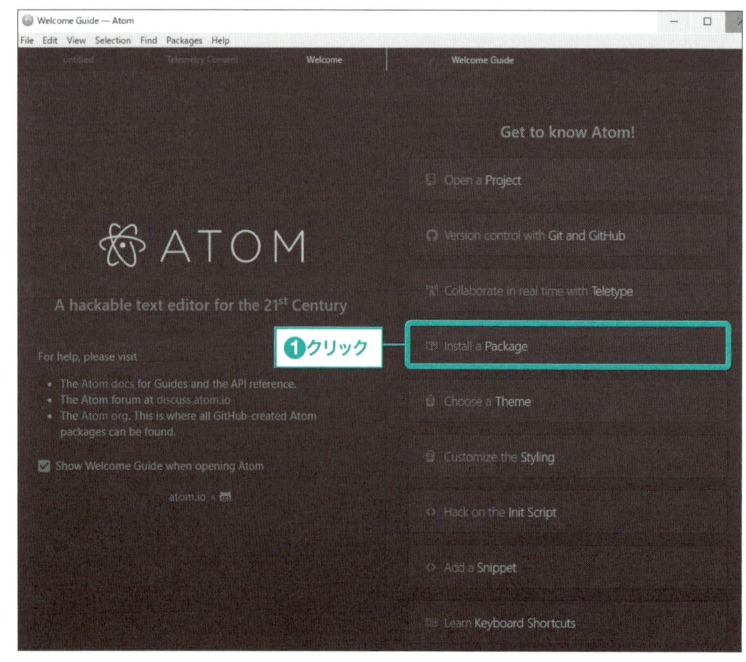

● 図1-22　Atomのスタート画面

「Open Installer」が表示されるので、これをクリックします❶（図1-23）。

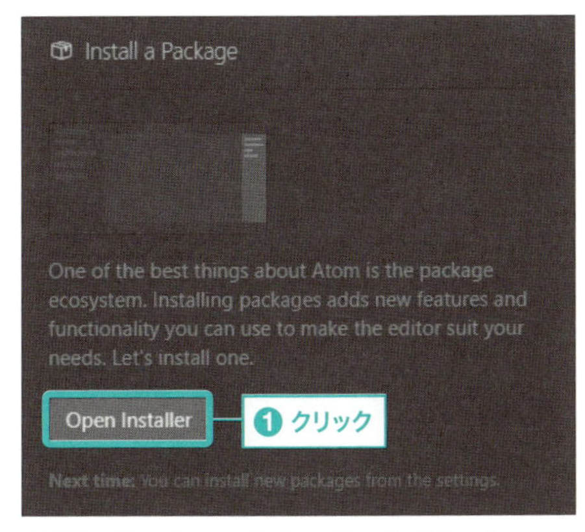

● 図1-23　Atomパッケージのインストール

画面左側にインストール情報が開きます。検索窓に「Japanese」と入力し❶、「Packages」をクリックすると、「japanese-menu」というパッケージが表示されます。このパッケージにある「Install」をクリックします❷（図1-24）。

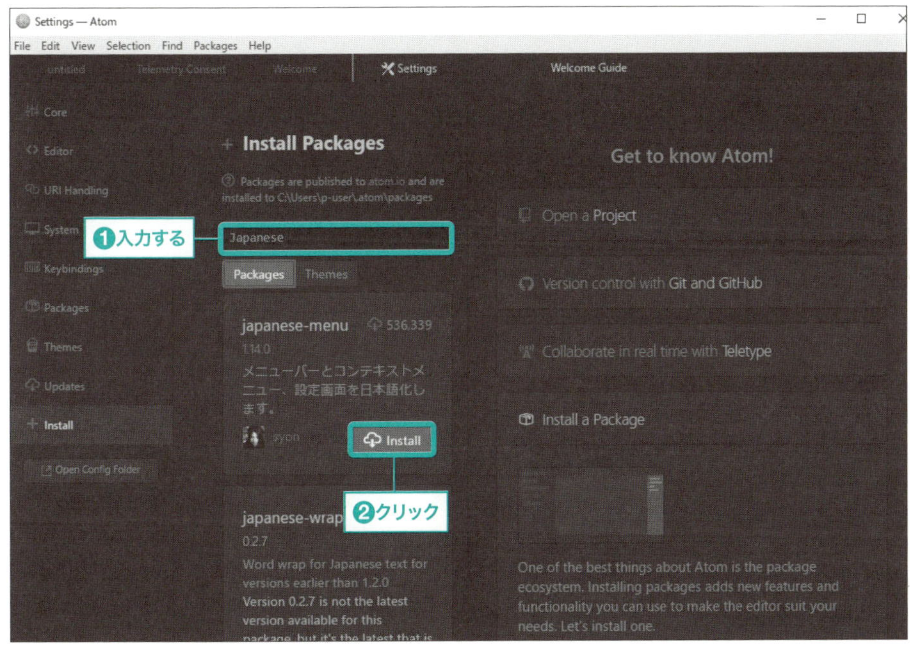

● 図1-24　日本語化パッケージのインストール

インストールが完了すると、図1-25のようにメニューが日本語になっています。

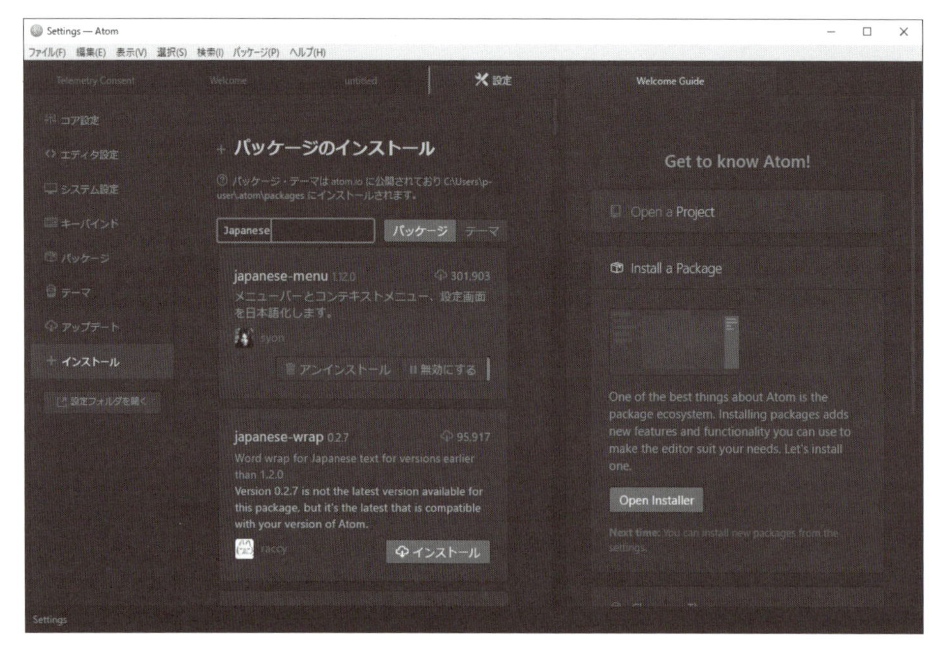

図1-25　日本語化の完了

一般的にはプログラム内のタブ幅を半角4つ分に設定することが多いです。画面左側から「エディタ設定」を選択し❶、出てきた画面をスクロールして「タブ幅」の値を4に変更してください❷（図1-26）。設定は以上です。

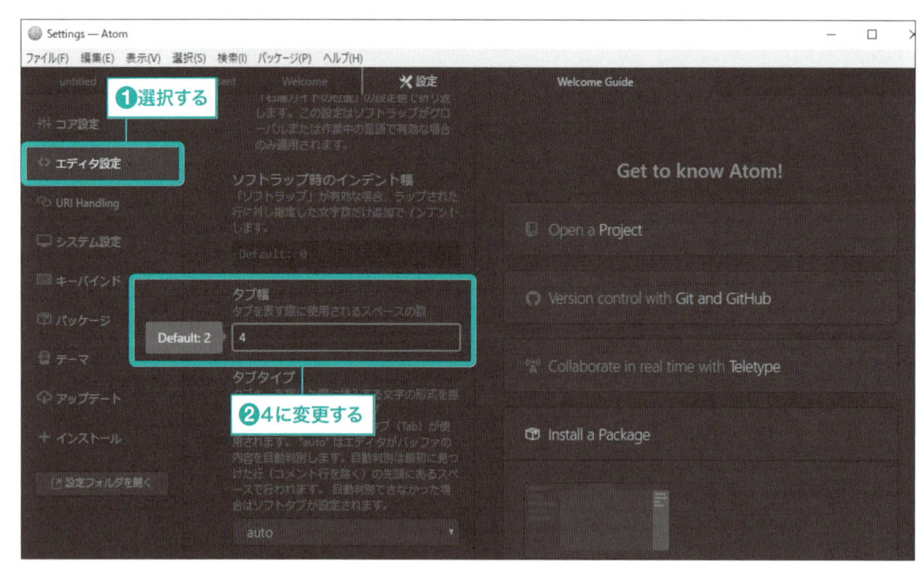

図1-26　タブ幅の変更設定

COLUMN

Windows以外のPythonインストール方法

masOSやLinuxの場合、Python 2系が最初からインストールされています。しかし、本書ではPython 3系を使用して学習しますので、別途Python 3をインストールする必要があります。

macOSの場合は公式サイトからインストール用のdmgファイルをダウンロードしてインストール（図1-A）、Linuxの場合はrpmファイルをダウンロードしてインストールします。

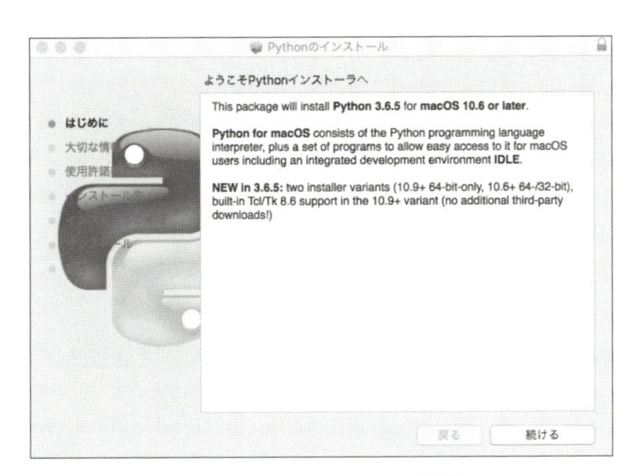

● 図1-A　macOSにおけるインストール画面

また2018年現在、macOSや一部のLinuxでは元々Python 2系がインストールされているため、「python」コマンドをPython 3系で利用できない場合があります。そのため、対象のOSを使用してPython 3系を実行する場合は、「python3」コマンドを使用します。（図1-B）。

```
Last login: Tue May  8 10:29:36 on ttys000
pyuser-MacBook-ea:~ pyuser$ python
Python 2.7.10 (default, Jul 15 2017, 17:16:57)
[GCC 4.2.1 Compatible Apple LLVM 9.0.0 (clang-900.0.31)] on darwin
Type "help", "copyright", "credits" or "license" for more information.
>>> exit()
pyuser-MacBook-ea:~ pyuser$ python3
Python 3.6.5 (v3.6.5:f59c0932b4, Mar 28 2018, 03:03:55)
[GCC 4.2.1 (Apple Inc. build 5666) (dot 3)] on darwin
Type "help", "copyright", "credits" or "license" for more information.
>>>
```

pythonコマンドではバージョン2が起動する

バージョン3を使用するにはpython3コマンドを実行する

● 図1-B　Pythonコマンドの実行例

このようにバージョンが混在している場合は、pyenvなどのツールを使用するのが一般的です。

pyenvのインストール方法は、公式配布サイト（https://github.com/pyenv/pyenv）を確認してください。

練習問題

問題1　mkdirコマンドを使用して、以下の2つのフォルダを作成しましょう。

- C:¥zero-python¥test2
- C:¥zero-python¥test3

macOSまたはLinuxの場合は、以下のフォルダを作成しましょう。

- ~/zero-python/test2
- ~/zero-python/test3

問題2　cdコマンドを使用して、カレントフォルダから問題1で作成したtest2フォルダに移動しましょう。

問題3　cdコマンドを使用して、問題2で移動したtest2フォルダから、相対パスを使ってtest3フォルダへ移動しましょう。

CHAPTER

2

Pythonでプログラミングを はじめよう

Chapter 1でインストールしたPythonには、プログラムを実行するための2つのモードがあります。この2つのモードの使い方を学んで、はじめてのプログラムに挑戦しましょう。

2-1 対話モードで動かそう

Pythonの実行モードとしては、対話モードとスクリプトモードがよく利用されます。まずは、簡単にPythonのプログラミングを試せる対話モードで実行してみましょう。

2-1-1 対話モードの開始

Chapter 1でPythonが正しくインストールされた場合、コマンドプロンプトを起動し、「python」と入力して Enter を実行すると、図2-1のように表示されます(注1)。これが**対話モード**です。インタラクティブモードとも言います。

```
C:¥Users¥p-user>python
Python 3.6.5 (v3.6.5:f59c0932b4, Mar 28 2018, 16:07:46)
[MSC v.1900 64 bit (AMD64)] on win32                Pythonのバージョンなどの説明事項
Type "help", "copyright", "credits" or "license" for more information.
>>> ――――― 入力可能な状態
```

● 図2-1　対話モードの開始

対話モードでは、入力した内容をそのまま実行結果として表示できます。

ただし、入力したプログラムはファイルなどには保存できません。同じ内容のプログラムを再度実行する場合は、もう一度入力しなおす必要があります。

2-1-2 はじめてのプログラム

● 電卓として使用する

それでは対話モードの状態でPythonを実行してみましょう。

図2-2のように「3+4」とすべて半角で入力してください。

```
>>> 3+4 ――――― Pythonに実行させる命令
7 ――――――――― 実行結果
>>>
```

● 図2-2　計算式を入力して実行

(注1)　図2-1のように表示されていない場合は、Pythonが正しくインストールされていません。Chapter 1などを参照してご自身の環境を確認してください。

「>>>」が先頭にある行は、命令を入力可能な場所です。Enterを入力することで、命令の入力が終了し、実行結果が画面に表示されます(注2)。

Pythonにおいては、「+(足し算)」「-(引き算)」の他、「*(掛け算)」「/(割り算)」などを計算用の記号が使用できます。計算用の記号については、**Chapter 3**で詳しく学びます。

Pythonのプログラムを入力する

図2-2では、対話モードの内部で「表示する」作業を自動的に行っているため、数式を入力しただけで表示できています。

しかし、Pythonのプログラムで表示させる場合は、本来は「print()」というPythonの表示用関数を使用します。

書式：print()関数の使い方

```
print(表示したい値や式、変数)
```

注：「変数」についてはChapter 3で解説します。

Pythonではよく利用される内容を簡単に実行できるように、さまざまな機能を「関数」としてまとめて使えるようにしています。

Pythonをインストールするとはじめから使える関数を**組み込み関数**と言います。print()関数は「()」の中に記述した内容を表示するための機能を持つ、組み込み関数です。

print()関数は、()の中に入れた値を表示したあとに改行を行います(図2-3)。関数については**Chapter 7**で詳しく説明します。

```
>>> print(3+4)
7
>>>
```

図2-3　print()関数を利用した実行例(その1)

文字を表示する場合は、文字を「'(シングルクォーテーション)」で囲みます(図2-4)。

```
>>> print('abc')
abc
>>>
```

図2-4　print()関数を利用した実行例(その2)

(注2)　実行に失敗した場合は、「3+4」と全角で入力していないか確認してください。

日本語を表示することもできます（図2-5）。その場合も「' '」は半角で入力します。

```
>>> print('あいう')
あいう
>>>
```

● 図2-5　print()関数を利用した実行例（その3）

複数の値を表示させたい場合は、値をそれぞれ「,（カンマ）」で区切ると、間に半角スペースが入った状態で表示します（図2-6）。

```
>>> print('あいう', 3, 'abc')
あいう 3 abc
>>>
```

● 図2-6　print()関数を利用した実行例（その4）

2-1-3 対話モードの終了

「>>>」が表示されている間は対話モードは続いています（図2-7）。

```
>>> 3+4 ―――――― 1つ目の実行
7
>>> print('あいう') ―― 2つ目の実行
あいう
>>> 3.14+0.5 ―――― 3つ目の実行
3.64
>>>
```

● 図2-7　対話モードの継続

対話モードを終了させる場合は、「quit()」と入力して Enter 、または「exit()」と入力して Enter と入力すると終了します（図2-8）。なお、入力する文字はすべて半角にしてください。

```
>>> quit()

C:¥Users¥p-user>――― コマンドプロンプトに戻った状態
```

● 図2-8　対話モードの終了

2-2 スクリプトモードで動かそう

対話モードの場合、一度動かしたプログラムを保存したり、修正することはできません。これらを可能にするスクリプトモードについて学びましょう。

2-2-1 Python用スクリプトファイルの作成

2-1では、対話モードでPythonを実行しました。対話モードでは簡単にプログラムを実行することができますが、同じプログラムを実行したい場合や、修正したい場合は同じ内容をまた入力しないといけません。プログラムを保存して再利用したり、修正をするには**スクリプトモード**というもう一つの方法を利用します。

スクリプトモードでは、まずスクリプトファイルと呼ばれるプログラムを実行するためのファイルを作成し、その中にPythonのソースコードを記述します。作成されたスクリプトファイルをpythonコマンドを使って実行します。

実際にPython用のスクリプトファイルを作成してみましょう。Atomなどのエディタを開き(注3)、リスト2-1の内容を記述し、ファイル名を「hello.py」として、Chapter 1で作成した「C:¥zero-python」フォルダに保存してください(注4)。

▼ リスト2-1　Python用スクリプトファイルの作成（hello.py）

```
01: print('Hello')
```

(注3)　本書ではChapter 1でインストールしたAtomを利用する前提で話を進めますが、日本語をUTF-8で保存できるエディタであれば、他の製品でも問題ありません。

(注4)　サポートサイトで配布しているサンプルファイルはc02フォルダの中にあります。サンプルファイルを実行する場合は、本文とパスが異なりますので注意してください。

COLUMN

Atomの便利な機能

Atomをエディタとして使用している場合、ファイルの拡張子を「.py」にすると、ファイル内でキーワードごとの色分けなどを行ってくれます。

また、一度入力したキーワードを補完してくれる機能もあります。キーワードの途中まで(printであれば、priなど)を入力したあと、Tabを実行することで、入力途中でもAtomがそのあとの文字を補完してくれます(図2-A)。

また、ファイルの保存が終わると、保存したフォルダの構造が表示されます。

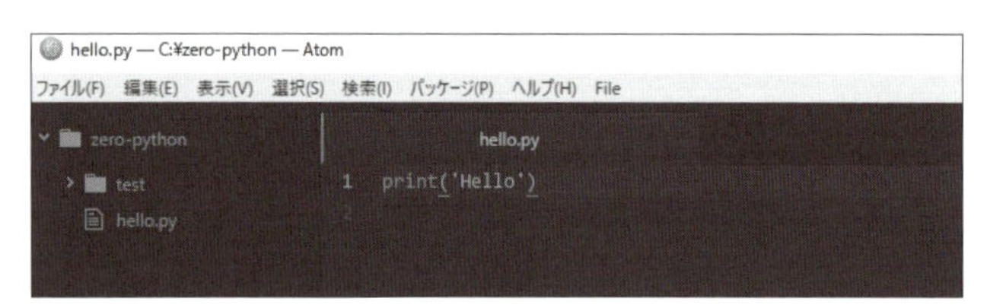

●図2-A　Atomでhello.pyを表示する

2-2-2 スクリプトファイルの実行

先ほど作成したhello.py(リスト2-1)を実行してみましょう。

コマンドスクリプトを起動し、hello.pyを作成した場所(C:¥zero-python)へカレントフォルダを移動します(図2-9)。

```
C:¥Users¥p-user>cd C:¥zero-python
```

●図2-9　カレントフォルダの移動

移動したらhello.pyが存在するか確認してみましょう。フォルダの中を確認するコマンドは、Windowsでは「dir」コマンド、macOSやLinuxでは「ls」コマンドを使用します(図2-10)。

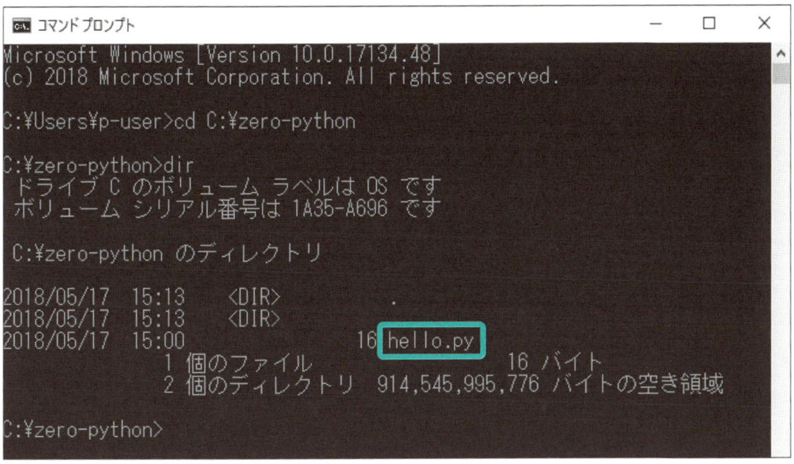

```
コマンド プロンプト
Microsoft Windows [Version 10.0.17134.48]
(c) 2018 Microsoft Corporation. All rights reserved.

C:¥Users¥p-user>cd C:¥zero-python

C:¥zero-python>dir
 ドライブ C のボリューム ラベルは OS です
 ボリューム シリアル番号は 1A35-A696 です

 C:¥zero-python のディレクトリ

2018/05/17  15:13    <DIR>          .
2018/05/17  15:13    <DIR>          ..
2018/05/17  15:00                16 hello.py
               1 個のファイル                  16 バイト
               2 個のディレクトリ  914,545,995,776 バイトの空き領域

C:¥zero-python>
```

● 図2-10　dirコマンドの実行

hello.pyがあることを確認したら、pythonコマンドを使ってスクリプトファイルを実行します。

スクリプトモードでのpythonコマンドの使い方は、以下のとおりです。

● **書式：pythonスクリプトモードの使い方**

```
python　実行したいスクリプトファイルのパスと名前
```

リスト2-1を実行すると、**図2-11**のように表示されます。

```
C:¥zero-python>python hello.py
Hello
C:¥zero-python>
```

● 図2-11　リスト2-1の実行結果

スクリプトモードでは、ファイルに記入した内容をPythonがコンパイルし、実行します。

スクリプトモードでは、ファイル内容の上から順番にコンパイルと実行を行います。リスト2-1の内容を**リスト2-2**のように書き換え、hello2.pyとして保存します。

▼ **リスト2-2　リスト2-1を書き換えて保存（hello2.py）**

```
01: print('Hello')
02: print('あいう')
03: print(3+4)
```

リスト2-2を実行すると、上から順番にコンパイルおよび実行されますので、命令の順番が勝手に入れ替わることはありません（**図2-12**）。

```
C:¥zero-python>python hello2.py
Hello
あいう
7
```

● 図2-12　リスト2-2の実行結果

2-2-3 コメント

スクリプトモードでは、ファイルの中にメモや注意書きを書いておき、後からファイルの内容を見直す際にそれらを確認できます。このメモや注意書きを**コメント**と言い、コメントとして書かれた内容は命令として判断されないため、実行されません。

● 1行分のコメントを書く

1行分のコメントを書く場合や、命令の後ろにコメントを書く場合は、半角記号「#」を使います。「#」を記入すると、それ以降、行末まではすべてコメントとして判断されます（リスト2-3、図2-13）。

▼ リスト2-3　「#」を使ってコメントを書く（comment.py）

```
01: # これはコメントです
02: print('Hello')  # これもコメントです
03: # print('Test')
```

```
C:¥zero-python>python comment.py
Hello
```

● 図2-13　リスト2-3の実行結果

この結果から、リスト2-3の1行目と3行目では行全体がコメントとして扱われること、2行目では#の後ろだけがコメントとして扱われることが確認できます。

● 複数行にわたってコメントを書く

Pythonには、複数行用のコメント記号はありませんが、半角の「'''（シングルクォーテーション3つ）」で囲むことによって、複数行のコメントの代わりに利用することもできます（リスト2-4、図2-14）。

▼ リスト2-4　複数行にわたってコメントを書く（comment2.py）

```
01: print('Hello')
02: '''                      ── コメントの開始
03: これはコメントです        ┐
04: print('Test1')           ├ この部分が コメントになる
05: 閉じるまでがコメントです  ┘
06: '''                      ── コメントの終了
07: print('Test2')
```

```
C:¥zero-python>python comment2.py
Hello
Test2
```

● 図2-14　リスト2-4の実行結果

リスト2-4の2行目と6行目の「'''」で囲まれた部分はコメントとして扱われるため、コードとしては処理されず、1行目と7行目を実行した結果が表示されています。

COLUMN

コメントのインデント

Pythonでは、インデント(字下げ)が大きな意味を持っています。(詳細はChapter 4以降)そのため、コメントの開始位置によってはエラーになる可能性があります(リスト2-A)。

▼ リスト2-A　コメントのインデントエラー(comment_A1.py)

```
01: print('Hello')
02:         '''—— コメント記号の開始位置が1つ上の行とずれている
03: コメントの開始位置がずれています
04: print('Test1')
05: 閉じるまでがコメントです
06: '''
07: print('Test2')
```

リスト2-Aの場合、複数行コメントを使用しています。複数行コメントは、実際はコメントの機能ではなく、Pythonにおいて関数や変数などで使用していない文字列に対して何もしない、という機能をコメントとして利用しているにすぎません。

そのため、「'''(シングルクォーテーション3つ)」が1つ上の行から字下げされていると、プログラムが失敗したとみなされてコンパイルエラーになります。

ただし、コメント記号である「#(シャープ)」を利用した行コメントの場合は、コメントとして正しく機能するため、開始位置がずれていても問題ありません(リスト2-B)。

▼ リスト2-B　正常なコメントのインデント(comment_A2.py)

```
01: print('Hello')
02:         # コメントの開始位置が1つ上の行とずれています
03: print('Test2')
```

練習問題

問題1　対話モードを使用して、以下の計算を行いましょう。

・1＋2
・5－9
・4 × 2 × 3.14
・8 ÷ 3
・5＋6 × 2
・4 ÷ 1.5

問題2　「Pythonの勉強をはじめます」と表示するプログラムを対話モードで実行してみましょう。

問題3　「Pythonをスクリプトモードで実行します」と表示するプログラムを書いたスクリプトファイルを作り、実行しましょう。

・ファイル名：script01.py

CHAPTER

3

データについて学ぼう

本Chapterでは、Pythonで使えるデータとその操作について、まずは基本的な内容を学びましょう。

3-1 基本のデータの種類を学ぼう

Pythonにはたくさんのデータの種類があります。ここでは、他のプログラミング言語でもよく使われている基本のデータ型について学んでいきましょう。

3-1-1 データ型

● データ型とは

データ型とは、データの種類を表します。扱うデータの種類によって、できることと、できないことがあるため、今利用しているデータはどんな種類なのかを理解しておくことが重要です。

● データ型を調べる関数

データの種類を調べる場合は、type()関数を使用します。

● 書式：type()関数の使い方

```
type(調べたいデータ)
```

3-1-2 数値のデータ

数値を表すデータを**数値型**と言います。数値型の種類には、以下の3種類があります。

- 整数型
- 浮動小数点数型
- 複素数型

● 整数型

整数型とは、整数（小数点の付かない数字）を表すデータ型です。

本節では対話モードでプログラムを実行します。**2-1**を参照して、プロンプトを起動し、図3-1のように実行してください。

```
C:¥Users¥p-user>python
Python 3.6.5 (v3.6.5:f59c0932b4, Mar 28 2018, 16:07:46) [MSC v.1900 64 bit (AMD64)] on win32
Type "help", "copyright", "credits" or "license" for more information.
>>> type(100)
<class 'int'>
```

● **図3-1　整数型の例（対話モード）**

図3-1では「100」という数値が調べたいデータとして入力されています。「100」は整数ですので、「int」という整数を表すデータ型が返ってきました。

● 浮動小数点数型

浮動小数点数型とは、小数を含む数を表すデータ型です（**図3-2**）。

```
>>> type(3.14)
<class 'float'>
```

● **図3-2　浮動小数点型の例（対話モード）**

図3-2では「3.14」と小数を含む数値が入力されていますので、「float」という浮動小数点数を表すデータ型が返ってきました。

● 複素数型

複素数型とは、実部（実数を扱う部分）と虚部（虚数を扱う部分）の組み合わせで数値を表すためのデータ型です（**図3-3**）。

```
>>> type(1+2j)
<class 'complex'>
```

● **図3-3　複素数型の例（対話モード）**

実数とは数直線上に表すことができる数のことで、通常の数値のことを言います。虚数とは、2乗すると-1になる数のことで、数学の計算によく使われます。Pythonでは虚数を表す場合は「j」を使います。

図3-3で入力されている「1+2j」は「1」が実部、「2j」が虚部となりますので、「complex」という複素数を表すデータ型が返ってきました。

3-1-3 文字列のデータ

文字列型

文字の集まりを表すデータを**文字列型**と言います。Pythonで文字列型として表現する場合は、「'(シングルクォーテーション)」または「"(ダブルクォーテーション)」で文字の集まりを囲みます(**図3-4**)。

```
>>> type('abc')
<class 'str'>
>>> type("abc")
<class 'str'>
```

● **図3-4　文字列型の例(その1、対話モード)**

図3-4では、「abc」を「'」または「"」で囲んでいますが、ともに「str」という文字列を表すデータ型が返ってきました。

また、日本語の文字(ひらがな、カタカナ、漢字など)も同じようにクォーテーションで囲むと「str」型になります(**図3-5**)。

```
>>> type('あいうえお')
<class 'str'>
>>> type("あいうえお")
<class 'str'>
```

● **図3-5　文字列型の例(その2、対話モード)**

エスケープ文字列

改行やタブなど、アルファベットだけでは表現できない特別な記号や文字を「¥」と組み合わせて表現します。これを**エスケープ文字列**と言います。macOSやLinuxでは、「\」と表示されます。

主なエスケープ文字列として、「¥n(改行)」「¥t(タブ)」などがあります(**表3-1**)。

● **表3-1　よく使われるエスケープ文字列**

エスケープ文字列		内容
Windows	macOS、Linux	
¥n	\n	改行
¥t	\t	タブ
¥¥	\\	¥マーク(macOS、Linuxでは\)
¥'	\'	シングルクォーテーション
¥"	\"	ダブルクォーテーション

図3-6では、文字列の中に「¥n」と「¥t」が入っていますが、これらはエスケープ文字列として認識され、「¥n」は改行、「¥t」はタブとして処理されています。

```
>>> print('abc¥ndef')
abc
def
>>> print('abc¥tdef')
abc def
```

● 図3-6　エスケープ文字列の例（対話モード）

ただし、シングルクォーテーションやダブルクォーテーションを別のクォーテーションで囲めば、¥を付けなくても文字として認識されます（図3-7）。

```
>>> print('aaa¥'bbb')
aaa'bbb
>>> print("aaa'bbb")
aaa'bbb
>>> print("aaa¥"bbb")
abc"bbb
>>> print('aaa"bbb')
aaa"bbb
```

● 図3-7　シングルクォーテーションとダブルクォーテーション（対話モード）

● 改行を含む文字列

「'''」または「"""」のように、シングルクォーテーションやダブルクォーテーションを3つ並べたもので囲むと、「¥n」を使わなくても改行を含めた文字列を表現できます（図3-8）。

```
>>> print('''abc
... def
... ghij''')
abc
def
ghij
```

● 図3-8　改行を含む文字列表示の例（対話モード）

3-1-4　真偽値を表すデータ

ブール（bool）型は整数型の一種で、真（True）と偽（False）の2種類が返ってくるデータを言います（図3-9）。

```
>>> type(True)
<class 'bool'>
>>> type(False)
<class 'bool'>
```

● 図3-9　ブール型の例（対話モード）

ブール型には「True」と「False」の2つの値しかないため、クォーテーションで囲んではいけません。また、「True」と「False」は予約語(注1)になっています。大文字・小文字も正確に区別するため、「TRUE」や「true」などはブール型として使えません。

COLUMN

データの種類における2系と3系の違い

Pythonには2.7からはじまるバージョン2系（以下2系）と呼ばれるバージョンと、本書で学習するバージョン3系（以下3系）と呼ばれるバージョンの大きく2種類のバージョンが存在します。

2系と3系は同じPythonですがさまざまな点で違いが多く、同じ書き方でも内容が違ったり、プログラムが動かない場合もあります。

データの種類についても、以下のような違いがあるため注意が必要です。

● 整数型が2種類

3系では整数型は「int」の1つだけですが、2系は「int」だけでなく、大きな数を扱うための「long」もあります。

● 文字列の処理方法の違い

3系では、文字列はすべて「str」となり、Pythonの内部でUnicodeという文字コードを使用して扱っています。

2系では、Pythonの内部で文字をASCIIと呼ばれるバイト列として扱っています。そのため、「len()」という文字の長さを計算するための関数を使うと、図3-Aと図3-Bのように実行結果が異なります。

```
>>> len('あいうえお')
5
```

● 図3-A　3系での実行結果（対話モード）

```
>>> len('あいうえお')
15
```

● 図3-B　2系での実行結果（対話モード）

2系で3系と同じ結果を出力する場合は、ユニコード文字列「u」を使用します（図3-C）。

```
>>> len(u'あいうえお')
5
```

● 図3-C　2系でユニコード文字列「u」を使用した実行結果（対話モード）

TIPS

（注1）　あらかじめ用途が決められているキーワードのことです。変数名など他の用途で使うことはできません。

3-2 演算子を使おう

Chapter 2で、Pythonを電卓として実行した際に使用した「+」「-」などの記号を演算子と言います。ここでは、足し算や引き算などの計算だけでなく、さまざまな演算子の使い方を学びましょう。

3-2-1 簡単な計算

数値を表すデータのうち、整数型と浮動小数点数型は演算子を使って足し算や引き算などが行えます。数値の計算に使う演算子を**算術演算子**と呼びます。主な算術演算子は表3-2のとおりです。

●表3-2 主な算術演算子

演算子	意味	例	結果
+	足し算	x + y	xとyを足す（和）
-	引き算	x - y	xからyを引く（差）
*	掛け算	x * y	xとyをかける（積）
/	割り算	x / y	xをyで割る（商）、結果は自動的に浮動小数点数型に変換される
//	整数の割り算	x // y	xをyで割る（商）、結果は小数点以下を切り捨て
%	剰余算	x % y	xをyで割った余りを出す
**	累乗	x ** y	xのy乗

算術演算子の動作を確認するために、ここからはスクリプトモードで実行してみましょう。スクリプトモードについては、**2-2**を参照してください。

Atomなどのエディタで**リスト3-1**を記述し、エンコードが「UTF-8」になっていることを確認したあと、**1-2-3**で作成したC:¥zero-python¥c03フォルダにenzanshi01.pyという名前で保存します。

▼リスト3-1 算術演算子の例（enzanshi01.py）

```
01: print(5 + 3)
02: print(5 * 3)
03: print(5 / 3)
04: print(5 // 3)
05: print(5 % 3)
06: print(5 ** 3)
```

コマンドプロンプトを起動し、図3-10のように実行します。

```
C:¥Users¥gihyo>cd c:¥zero-python¥c03 ―― ホームフォルダからPythonファイルを保存しているフォルダに移動

c:¥zero-python¥c03>python enzanshi01.py ― Pythonファイルを実行
8 ―――――――――――――――――――― 「5 + 3」の実行結果
15 ――――――――――――――――――― 「5 * 3」の実行結果
1.6666666666666667――――― 「5 / 3」の実行結果
1 ―――――――――――――――――――― 「5 // 3」の実行結果
2 ―――――――――――――――――――― 「5 % 3」の実行結果
125―――――――――――――――――――― 「5 ** 3」の実行結果
```

● 図3-10　リスト3-1の実行結果

図3-10では、それぞれの演算子の結果が表示されていることがわかります。

COLUMN

計算結果における2系と3系の違い

演算子を使った計算の結果についても、2系と3系で違いがあります。

3系では、「/」演算子を使った割り算の結果は必ず浮動小数点数に変換されます（図3-A）。

```
>>> 5 / 2
2.5
```

● 図3-A　3系での割り算の実行結果（対話モード）

2系では、整数同士の計算であれば結果も整数となり、小数点以下は切り捨てられます（図3-B）。

```
>>> 5 / 2
2
```

● 図3-B　2系での割り算の実行結果（対話モード）

2系でも3系と同じく浮動小数点数で表示したい場合は、演算子の左右どちらかの数値を浮動小数点数型にする必要があります（図3-C）。

```
>>> 5 / 2.0
2.5
```

● 図3-C　2系での浮動小数点数型を使った実行結果（対話モード）

3-2-2 文字列をつなげる

表3-2で解説した「+」演算子は、足し算を行うための演算子ですが、文字列型のデータを使うと、文字列同士をつなぐことができます(**リスト3-2**、**図3-11**)。

▼ **リスト3-2　文字列をつなげる例 (enzanshi02.py)**

```
01: print('Hello!' + 'Python')
02: print('佐藤さん' + 'おはようございます。')
03: print('Python' + '''をはじめましょう。
04: プログラムを書いてみよう''')
```

```
c:¥zero-python¥c03>python enzanshi02.py
Hello!Python
佐藤さんおはようございます。
Pythonをはじめましょう。
プログラムを書いてみよう
```

● **図3-11　リスト3-2の実行結果**

文字列がつながっていることが確認できました。なお、長い文字列をつなげる場合は、**3-3**で解説する変数がよく使われます。

3-2-3 文字列と数値をつなげる

● そのままつなげてみると?

3-2-2で解説したように、「+」演算子で文字列同士をつなげられることがわかりました。では、データ型が異なる文字列と数値をつなぐ場合はどうすればよいのでしょうか。

エラーになる例として**リスト3-3**を記述してみましょう。実行結果は**図3-12**のとおりです。

▼ **リスト3-3　文字列と数値をつなげる例 (enzanshi03.py)**

```
01: print('数値：' + 5)
02: print(5 + '3')
```

```
c:¥zero-python¥c03>python enzanshi03.py
Traceback (most recent call last):
  File "enzanshi03.py", line 1, in <module>
    print('数値：' + 5)
TypeError: must be str, not int
```

● **図3-12　リスト3-3の実行結果**

エラーが表示され、実行が途中で止まってしまいました。一番下の行に「TypeError: must be str, not int」とあります。これは「データ型が違っています。整数型(int)ではなく、文字列型(str)でなければなりません」という意味です。

文字列と数値はデータ型の違いによって、直接つなげられないことがわかりました。それでは、どのようにしたらよいでしょうか。

● 数値を文字列に変換する

リスト3-3の1行目のように、文字列をそのまま数値とつなげたい場合は、文字変換関数「**str( )**」を使います。

● **書式：str( )関数の使い方**

```
str(変換したい数値のデータ)
```

リスト3-3で、先ほどのエラーが出た1行目を修正したのが**リスト3-4**となります。実行結果は**図3-13**のとおりです。

▼ **リスト3-4　リスト3-3の1行目を変更する(enzanshi04.py)**

```
01: print('数値：' + str(5))
02: print(5 + '3')
```

```
c:¥zero-python¥c03>python enzanshi04.py
数値：5
Traceback (most recent call last):
  File "enzanshi04.py", line 2, in <module>
    print(5 + '3')
TypeError: unsupported operand type(s) for +: 'int' and 'str'
```

● **図3-13　リスト3-4の実行結果**

今度はリスト3-3と違うエラーが出ました。1行目は実行できたようですが、今度は2行目でエラーが出ています。これは整数型(「5」)と文字列型(「'3'」)を「+」演算子でつなごうとした際、どのように処理するとよいのかわからないためです。

3-2-4 文字列を数値に変換する

リスト3-4の2行目のように、文字列を数値に変換して計算する場合は、整数変換関数「**int( )**」、または浮動小数変換関数「**float( )**」を使います。

● **書式：int( )関数とfloat( )関数の使い方**

```
int(整数に変換可能な文字列)
float(浮動小数に変換可能な文字列)
```

「'3'」は整数に変換できます。リスト3-4の2行目を整数変換関数を使って修正したのが**リスト3-5**です。実行結果は**図3-14**のとおりです。

▼ **リスト3-5　文字列を数値に変換して計算する（enzanshi05.py）**

```
01: print('数値：' + str(5))
02: print(5 + int('3'))
```

```
c:¥zero-python¥c03>python enzanshi05.py
数値：5
8
```

● **図3-14　リスト3-5の実行結果**

なお、float( )関数は**リスト3-6**のように、小数点が存在する場合に利用します。実行結果は**図3-15**のとおりです。

▼ **リスト3-6　文字列を数値に変換して計算する（enzanshi06.py）**

```
01: print('数値：' + str(5))
02: print(5 + float('3.000'))
03: print(5 + int(float('3.000')))
```

```
c:¥zero-python¥c03>python enzanshi06.py
数値：5
8.0
8
```

● **図3-15　リスト3-6の実行結果**

float( )関数だけ使用する場合は、結果は「8.0」と小数が付いています。これをint( )関数のカッコでさらに囲むと、結果が整数になるのが確認できます。

このように、数値と文字列など、**違う種類のデータ同士で演算子を使う場合、データの種類を揃える作業が必要**になります。

COLUMN

文字列型のデータを掛け算してみると?

文字列型では、「-」や「/」などの演算子は使用できません。しかし、文字列型のデータと整数で掛け算は可能です。

● 書式：文字列型データと整数の掛け算の書き方

```
文字列型のデータ * 整数
```

たとえば、図3-Aのように実行すると、指定した回数分繰り返した文字列を作ることができます。

```
>>> 'abc' * 3
'abcabcabc'
```

● 図3-A　文字列型のデータを掛け算（対話モード）

3-3 変数を使おう

ここまで、数値や文字列をプログラムの中に直接書いてきました。しかし、同じ内容や計算結果を他のところで使いまわしたい場合や、別のプログラムでの実行結果を使いたい場合は不便です。
そこで、プログラミング言語では「変数」を使ってデータを使い回すしくみを利用しています。

3-3-1 データの代入

● 変数とは

変数とは、あるデータに対して名前を付けたものを言います(図3-16)。

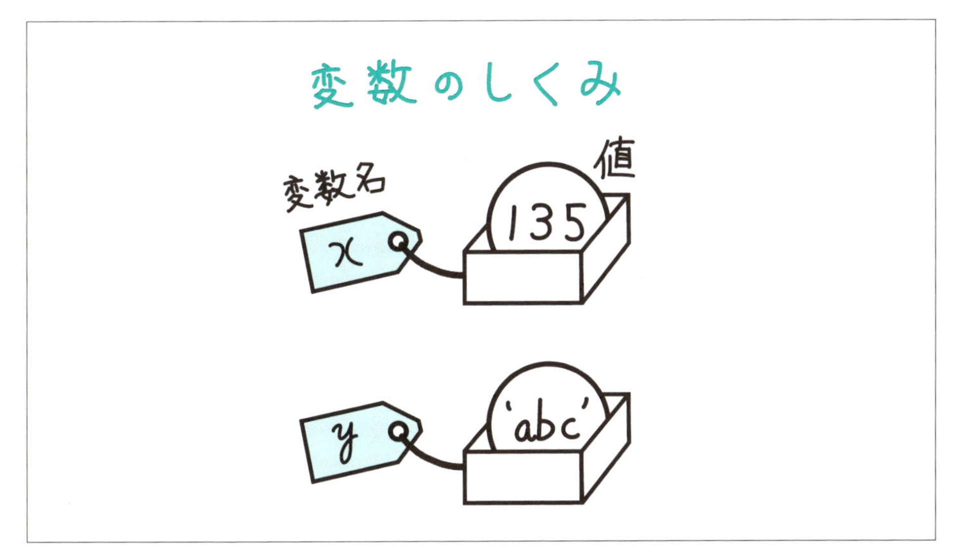

● 図3-16 変数のしくみ

図3-16では、データ「135」に変数「x」、データ「'abc'」に変数「y」という名前が付いています。

このように、変数を使うことでデータを直接使うことなく、データに付けた名前で呼び出して、計算や表示などを行うことができます。

代入とは

データに名前を付ける作業を**代入**と言います（リスト3-7、図3-17）。

● 書式：変数の代入方法

```
変数名 = データの値
```

▼ リスト3-7　変数の代入（hensu01.py）

```
01: num1 = 5
02: num2 = 3
03: result1 = num1 + num2
04: result2 = num1 - num2
05: result3 = num1 * num2
06: print(result1)
07: print(result2)
08: print(result3)
```

```
c:¥zero-python¥c03>python hensu01.py
8
2
15
```

● 図3-17　リスト3-7の実行結果

リスト3-7の1行目で数値「5」に「num1」、2行目で数値「3」に「num2」という変数名を付けています。3～5行目で変数num1と変数num2を使って足し算・引き算・掛け算を実行し、6～8行目でその結果を出力しています。

このように変数を使うと、同じデータを何度も記入しなくても、数値の計算が実行できます。

代入を複数回行う

また、代入は何度も行うことができます（リスト3-8、図3-18）。

▼ リスト3-8　複数の代入（hensu02.py）

```
01: num1 = 5 ―――――― num1への1回目の代入
02: num2 = 3 ―――――― num2への1回目の代入
03: result1 = num1 + num2 ―――― result1への1回目の代入
04: result2 = num1 - num2 ―――― result2への1回目の代入
05: print(result1)
06: print(result2)
07: num1 = 'aaa' ―――― num1への2回目の代入
08: num2 = 'bbb' ―――― num2への2回目の代入
09: result1 = num1 + num2 ―――― result1への2回目の代入
10: print(result1)
```

```
c:¥zero-python¥c03>python hensu02.py
8
2
aaabbb
```

● 図3-18 リスト3-8の実行結果

リスト3-8の3行目と9行目は同じ内容を実行していますが、出力される結果が違います。これは、num1とnum2という名前が付いているデータが、1回目(データ「5」と「3」)と2回目(データ「aaa」と「bbb」)で異なるためです。

同じように、3行目ではresult1に「3+5」の結果が代入され、9行目に「'aaa' + 'bbb'」の結果が代入されています。

そのため、同じresult1を表示している5行目と10行目で結果が変わります。

3-3-2 変数の使い方

● 変数を関数の中で使う

print()関数やtype()関数(注2)など、()の中に値を直接記入するだけでなく、変数を()の中に入れて使うことができます(リスト3-9、図3-19)。

▼ リスト3-9 変数を関数の中で使う(hensu03.py)

```
01: num1 = 5
02: num2 = 3
03: result1 = num1 + num2
04: result2 = num1 - num2
05: print(result1)
06: print(result2)
07: print(type(result1))
```

```
c:¥zero-python¥c03>python hensu03.py
8
2
<class 'int'>
```

● 図3-19 リスト3-9の実行結果

リスト3-9の7行目では、type()関数の()の中に変数result1が入っています。type()関数はデータの種類を調べる関数です(注3)。その結果をprint()関数を使って出力しています。

(注2) 関数についてはChapter 7を参照してください。

(注3) type()関数については、3-1-1を参照してください。

同じ値で何度も表示する

変数を使って表示を行うことで、同じ値を何度も表示したり、よく使う値を毎回入力しなくてもよくなります(リスト3-10、図3-20)。

▼ リスト3-10　変数を繰り返して使う(hensu04.py)

```
01: num1 = 5 + 3
02: msg = '計算結果 ='
03: print(msg, num1)
04: print(msg, num1)
05: num1 = 5 - 3
06: print(msg, num1)
```

```
c:¥zero-python¥c03>python hensu04.py
計算結果 = 8
計算結果 = 8
計算結果 = 2
```

● 図3-20　リスト3-10の実行結果

リスト3-10では、変数msgと変数num1を3回出力しています。1回目と2回目は同じ結果、同じ変数num1に異なる値を代入したあとの3回目では結果が違うことが確認できます。

変数を別の変数に代入する

変数の内容を別の変数に代入することもできます(リスト3-11、図3-21)。

▼ リスト3-11　別の変数に代入する(hensu05.py)

```
01: num1 = 5
02: num2 = num1
03: print('num1 =', num1)
04: print('num2 =', num2)
```

```
c:¥zero-python¥c03>python hensu05.py
num1 = 5
num2 = 5
```

● 図3-21　リスト3-11の実行結果

リスト3-11の2行目で変数num2に変数num1を代入しているため、同じ値が出力されたことがわかります。

変数への代入のしくみ

変数への代入とは、実際は代入された値が格納されたメモリ上の場所に対する名前です。まず代入すべき値がメモリ上に作成され、その場所に名前を付けています。

リスト3-12を実行してみましょう。

▼ リスト3-12　代入のしくみ（hensu06.py）

```
01: num1 = 5 ———— 「5」という値が作成され、格納場所に「num1」という名前が付く
02: num2 = num1 ———— 「5」という値が格納されている場所に、2つ目の名前「num2」が付く)
03: num1 = 3 ———— 「3」という値が作成され、「num1」は「3」の名前に変更
04: print(num1) ———— 「num1」は「3」に変わっている
05: print(num2) ———— 「num2」は「5」のまま
```

```
c:¥zero-python¥c03>python hensu06.py
3
5
```

● 図3-22　リスト 3-12の実行結果

メモリ上の動きは、図3-23のようになっています。

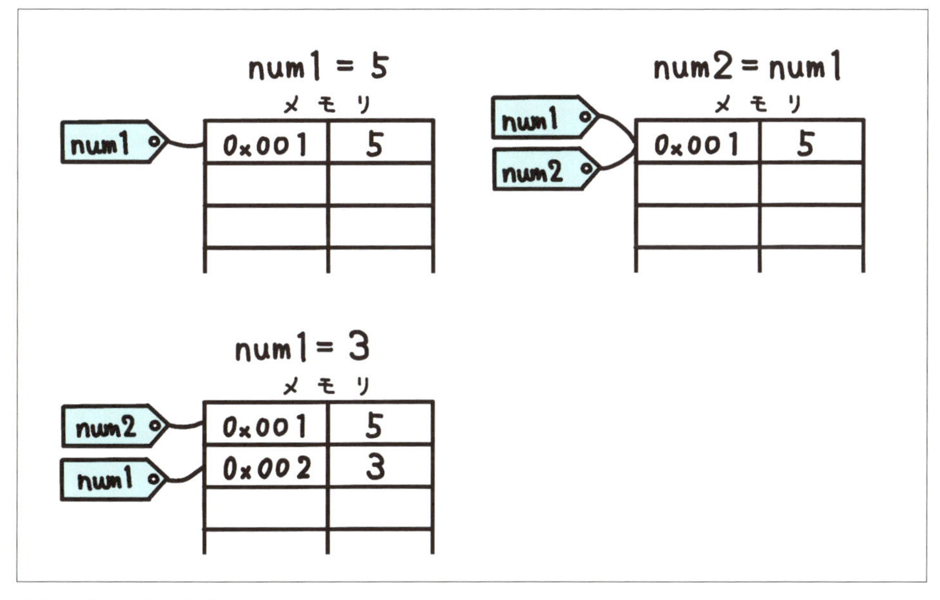

● 図3-23　変数のしくみ

COLUMN

代入を行っていない変数は使用不可

Pythonでは、代入を一度も行っていない変数は作ることも使うこともできません（**図3-A**）。

```
>>> print(sample)
Traceback (most recent call last):
  File "<stdin>", line 1, in <module>
NameError: name 'sample' is not defined
>>>
```

● 図3-A　代入をしていない変数（対話モード）

3-3-3 現在のデータに追加する

変数では一時的に計算結果やデータを保存しますが、その保存されたデータを使っていろいろな計算ができます（**リスト3-13、図3-24**）。

▼ リスト3-13　現在のデータを使って計算を行う（hensu07.py）

```
01: num1 = 5
02: num1 = num1 + 3 ——— 5+3
03: print(num1)
04: num1 = num1 - 3 ——— 8-3
05: print(num1)
06: num1 = num1 * 3 ——— 5*3
07: print(num1)
```

```
c:¥zero-python¥c03>python hensu07.py
8
5
15
```

● 図3-24　リスト3-13の実行結果

リスト3-13の1行目で「5」の格納場所に「num1」という名前を付けています。2行目でnum1に3を足していますので「8」が格納されます。

4行目では、2行目で格納された「8」から3を引いていますので、「5」が格納されます。6行目では、4行目で格納された「5」に3をかけていますので、「15」が格納されます。

● 複合代入演算子の使い方

リスト3-13と同じ内容を「演算子=」という書き方を使って表現することも可能です。この書き方を**複合代入演算子**と言います。主な複合代入演算子は**表3-3**のとおりです。

● 表3-3 複合代入演算子

複合代入演算子	演算子をつかった場合の例
+=	x = x + y
-=	x = x - y
*=	x = x * y
/=	x = x / y
//=	x = x // y
**=	x = x ** y

リスト3-13を複合代入演算子を使って書き換えたのが**リスト3-14**です。実行結果は**図3-25**のとおりです。

▼ リスト3-14 複合代入演算子を使ってリスト3-13を書き換える (hensu08.py)

```
01: num1 = 5
02: num1 += 3
03: print(num1)
04: num1 -= 3
05: print(num1)
06: num1 *= 3
07: print(num1)
```

```
c:¥zero-python¥c03>python hensu07.py
8
5
15
```

● 図3-25 リスト3-14の実行結果

図3-24と同じ結果が出力されていることが確認できます。

なお文字列型のデータの場合は、表3-3のうち、「+=」「*=」のみが利用可能です(**リスト3-15**、**図3-26**)。

▼ リスト3-15 文字列データへの複合代入演算子 (hensu09.py)

```
01: str1 = 'abc'
02: str1 += 'def'
03: print(str1)
04: str1 *= 3
05: print(str1)
```

```
c:¥zero-python¥c03>python hensu09.py
abcdef
abcdefabcdefabcdef
```

● 図3-26 リスト3-15の実行結果

リスト3-15の2行目の「+=」は、1行目の「abc」と2行目の「def」をつなげた「abcdef」が出力されます。

4行目の「*=」は、「abcdef * 3」を実行した「abcdefabcdefabcdef」が出力されます。

3-3-4 入力したデータの利用

input()関数を使うと、キーボードで入力されたデータを取得し、そのデータを変数に代入できます。

● 書式：input()関数の使い方

```
変数 = input(プロンプトに表示させたい文字列)
```

● 文字列型のデータを入力する

入力データは文字列型のデータとして変数に代入されます。その動きをリスト3-16で確認してみましょう。実行結果は図3-27のとおりです。

▼ リスト3-16　input()関数の使用例（input01.py）

```
01: str1 = input('入力してください->')
02: print(str1)
```

```
c:¥zero-python¥c03>python input01.py
入力してください->
```

● 図3-27　リスト3-16の実行結果

「入力してください->」の後ろがキーボードからの入力待ち状態となります。ここで「Hello World」と入力して Enter を押すと入力が完了し、変数str1に入力内容が代入されます（図3-28）。

```
c:¥zero-python¥c03>python input01.py
入力してください->Hello World
Hello World
```

● 図3-28　キーボード入力後の表示

● input()関数で数値として入力する

先ほど述べましたが、input()関数で取得したデータは文字列型となります。よって数値の計算は、そのままでは行うことができません（リスト3-17、図3-29）。

▼ リスト3-17　input()関数にそのまま数値を入力した例（input02.py）

```
01: num1 = input('数値1を入力してください->')
02: num2 = input('数値2を入力してください->')
03: print(num1 + num2)
```

```
c:¥zero-python¥c03>python input02.py
数値1を入力してください->3
数値2を入力してください->5
35
```

● 図3-29　リスト3-17の実行結果

本来は数値1に「3」、数値2に「5」を入力し、足し算を実行したかったのですが、2つとも文字列として認識されているため、単に文字列を連結したものが出力されています。

入力値を数値として処理したい場合は、int()関数やfloat()関数などを利用して、文字列から数値への変換を行う必要があります（**リスト3-18、図3-30**）。

▼ リスト3-18　input()関数を使った場合の計算（input03.py）

```
01: str1 = input('数値1を入力してください->')
02: num1 = int(str1)
03: str2 = input('数値2を入力してください->')
04: num2 = int(str2)
05: print(num1 + num2)
```

```
c:¥zero-python¥c03>python input03.py
数値1を入力してください->3
数値2を入力してください->5
8
```

● 図3-30　リスト3-18の実行結果

変数num1と変数num2には、それぞれint()関数で数値に変換された値が代入されるため、正しく足し算が行われています。

またリスト3-18をを**リスト3-19**のように、input()関数とint()関数を組み合わせ、入力と数値変換を同時に行うよう、簡潔に書くこともできます。

▼ リスト3-19　input()関数とint()関数を組み合わせる（input04.py）

```
01: num1 = int(input('数値1を入力してください->'))
02: num2 = int(input('数値2を入力してください->'))
03: print(num1 + num2)
```

練習問題

問題1　type( )関数を使って、以下の内容がそれぞれどんなデータ型なのか確認するプログラムを書いたスクリプトファイルを作り、実行しましょう。

・ファイル名　script3-1.py

● 実行内容

・1 + 2
・4 * 2 * 3.14
・8 / 3
・8 // 3
・'1 + 2'
・'Hello' + '3'
・True
・' False'

問題2　名前の姓と名を入力させ、連結させて表示させるプログラムを書いたスクリプトファイルを作り、実行しましょう。

・ファイル名　script3-2.py

● 実行イメージ

```
姓を入力してください->山田 ―― 山田と入力
名を入力してください->太郎 ―― 太郎と入力
山田太郎
```

問題3　整数を2つ入力させ、2つの数値の足し算の結果と引き算の結果を表示させるプログラムを書いたスクリプトファイルを作り、実行しましょう。

・ファイル名　script3-3.py

● 実行イメージ

```
整数1を入力してください->20 ―― 20と入力
整数2を入力してください->15 ―― 15と入力
20 + 15 = 35
20 - 15 = 5
```

CHAPTER 4

処理の順序を切り替えよう

Pythonではコードを書いた順番に上から処理が実行されます。本Chapterでは、複雑なプログラムを作るために、条件によって処理の実行をする場合としない場合を切り替える方法について学びましょう。

4-1 条件を表す演算子を使おう

Chapter 3では、主に計算で使われる演算子について学びました。本Chapterでは、条件によって処理の切り替えを行うにあたって、条件を表す演算子について学びましょう。

4-1-1 比較演算子

この後、**4-2**では条件式の結果によって処理を切り替える方法を学びます（図4-1）。

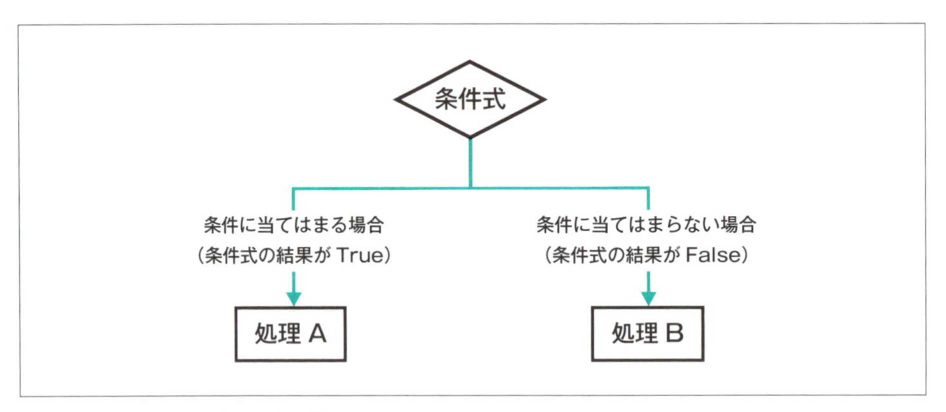

● 図4-1　条件式による処理の切り替え

そこで使用する条件式では、結果がbool型になるような式を作らなければいけません。結果がbool型になるような式を作るための演算子が**比較演算子**です。

主な比較演算子は表4-1のとおりです。

比較演算子	意味	例	例の結果
>	左辺が右辺より大きい	x > y	xがyより大きい（yの値は含まない）ときはTrue
<	左辺が右辺より小さい	x < y	xがyより小さい（yの値は含まない）ときはTrue
==	左辺と右辺の値が同じ	x == y	xがyと同じ値のときはTrue
>=	左辺は右辺以上	x >= y	xがy以上（yの値も含む）のときはTrue
<=	左辺は右辺以上	x <= y	xがy以下（yの値も含む）のときはTrue
!=	左辺と右辺が一致しない	x != y	xがyではないときはTrue
is	左辺と右辺が完全一致している	x is y	xがyと同一であるときはTrue

● 表4-1　主な比較演算子

条件による切り替え（条件分岐）を行う場合は、この比較演算子を利用します。

4-1-2 比較結果の表示

比較演算子を利用した場合、その結果はTrue(真)またはFalse(偽)の2種類の値で示されるブール(bool)型となります。

● 比較演算子の実行

ここでは、比較演算子を実行して確認してみましょう。2-1で解説した対話モードを起動して図4-2(注1)のように実行します。

```
C:¥Users¥p-user>python
Python 3.6.5 (v3.6.5:f59c0932b4, Mar 28 2018, 17:00:18)
 [MSC v.1900 64 bit (AMD64)] on win32
Type "help", "copyright", "credits" or "license" for more information.
>>> 3 > 2
True  ―――― 3は2より大きいので真
>>> 3 < 2
False ―――― 3は2より小さくないので偽
>>>
```

● 図4-2　比較演算子による結果を表示(対話モード)

比較演算子を使って「3 > 2」(3は2より大きい)と、「3 < 2」(3は2より小さい)を実行しています。最初は正しいので真(True)、2つ目は誤りなので偽(False)が結果として表示されました。

●「==」と「is」の違い

表4-1にある「==」と「is」は一見同じような意味合いに見えます。しかし、「同じ値なのか」「同じ格納場所を見ているのか」によって比較対象が変わります。図4-1に引き続き、対話モードで実行してみましょう(図4-3)(注2)。

(注1)　図4-1と同じ実行結果となるスクリプトファイルをhikaku01.pyとして用意しています。

(注2)　図4-2と同じ実行結果となるスクリプトファイルをhikaku02.pyとして用意しています。

```
C:¥Users¥p-user>python
Python 3.6.5 (v3.6.5:f59c0932b4, Mar 28 2018, 16:07:46) [MSC v.1900 64 bit (AMD64)] on win32
Type "help", "copyright", "credits" or "license" for more information.
>>> a = 3.14
>>> b = 3.14
>>> a is b  ―――― 同じ値だが格納場所が違う
False
>>> a == b ―――― 格納場所が違うが、代入されている値は同じ
True
>>> b = a
>>> a is b  ―――― 値も格納場所も同じ
True
```

● 図4-3　「==」と「is」の違いを確認（対話モード）

変数aと変数bは同じ値が代入されていますが、メモリ上の場所は異なります。そのため、「is」で比較した場合は「False」となります。一方、「==」では同じ値であるため「True」となります（図4-4）。

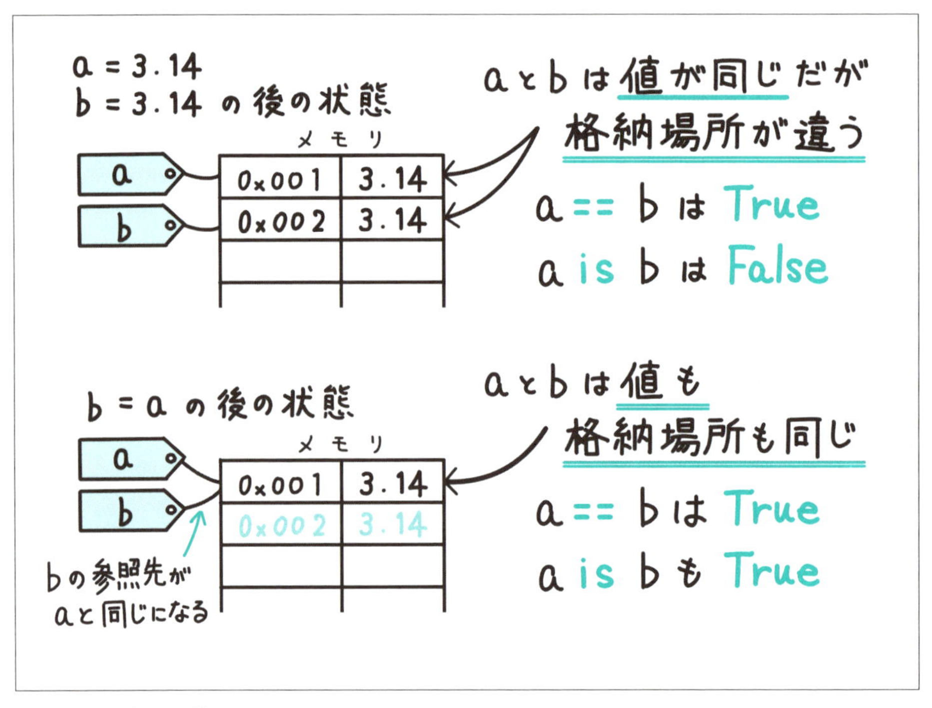

● 図4-4　isと==の違い

4-2 条件によって命令を変更しよう

ここでは条件式を使ったプログラムについて学んでいきましょう。

4-2-1 プログラムの構造

条件式を学ぶ前に、アルゴリズムの基本とも言えるプログラムの構造について確認しておきましょう。

プログラムの構造は、これまで出てきた「上から順番に実行する」ものも合わせ、以下の3つの組み合わせで成立しています（図4-5）。

- 順次構造（上から順番に実行する）
- 分岐構造（条件によって実行の可否を切り替える）
- 繰り返し構造（条件を指定して繰り返す）

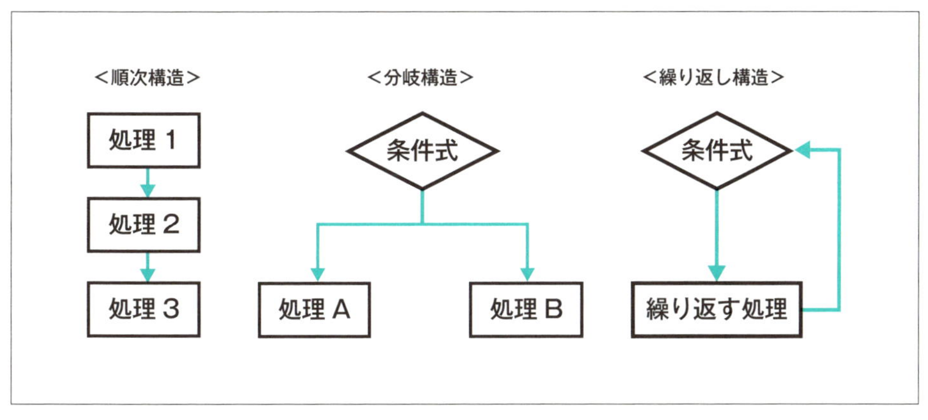

● 図4-5　プログラム構造のフローチャート

条件式とは、実行結果をTrueまたはFalseの2つで示すことができる式を言います。条件が一致する場合の処理、条件が一致しない場合の処理などによって、分岐構造や繰り返し構造を実現します。分岐構造は**4-2-2**、繰り返しは**Chapter 6**で解説します。

4-2-2 条件に一致した場合の処理

● ifブロックとは

Pythonのプログラムにおいて、条件に一致する場合に実行する内容を書いた部分を**ifブロック**と言います。

Pythonでは、ブロックと呼ばれるプログラムの範囲を「:(コロン)」と「インデント(字下げ)」によって表します。

● **書式：ifブロックの書き方**

```
if 条件式：
    条件式に一致する場合に実行する処理
```

行末に「:」が付いた場合、次の行は必ずインデントを行うのが、Pythonのルールです。インデントには「半角スペース」または「タブ」を使用します(注3)。また、同じブロックのプログラムはインデントを揃える必要があります。

● ifブロックを使った入力値の確認

リスト4-1は、入力値が「abc」と同じかどうかを確認するプログラムです。Atomなどのエディタで記述し、エンコードが「UTF-8」になっていることを確認したあと、c:¥zero-python¥c04フォルダにif01.pyという名前で保存してください。

▼ **リスト4-1　入力値が「abc」と同じかどうかを確認(if01.py)**

```
01: str1 = input('「abc」と入力してください->')
02: if str1 == 'abc':
03:     print('正しく入力されました')
04:     print('ifブロックが終わります')
05: print('終了します')
```

コマンドプロンプトを起動し、**図4-6**のように実行します。

```
c:¥zero-python¥c04>python if01.py
「abc」と入力してください->abc
正しく入力されました
ifブロックが終わります
終了します
```

● **図4-6　リスト4-1の実行結果(入力値が「abc」だった場合)**

(注3)　本書では半角スペース4つ分をインデントとしています。

入力値が「abc」だった場合は、ifブロック（リスト4-1の2～4行目）に指定されたプログラムがすべて実行され、かつインデントが終わった後の処理が行われたあとに、プログラムが終了します。

入力値が「abc」以外だった場合は、図4-7のようになります。

```
c:¥zero-python¥c04>python if01.py
「abc」と入力してください->abcz
終了します
```

● 図4-7　リスト4-1の実行結果（入力値が「abc」以外だった場合）

入力値が条件と一致しない場合はifブロックが実行されず、インデントが終わった後の処理だけが実行されます。

4-2-3 条件に一致しない場合の処理

ifブロックでは、条件に一致しない場合は何も行われないことがわかりました。

ここでは、条件に一致しない場合や、別の条件に当てはまる場合を実行したい処理があるときに使うelseブロックを学びましょう。

● elseブロックとは

条件に一致する場合と一致しない場合で、それぞれ実行する内容を変更したいときは、ifブロックの後にelseブロック（以下、if-elseブロック）を作ります。

● 書式：if-elseブロックの書き方

```
if 条件式:
    条件式に一致する場合に実行する処理
else:
    条件式に一致しない場合に実行する処理
```

elseブロックは、ifブロック1つに対して1つだけ作成できます。

● if-elseブロックを使った入力値の確認

入力値が「abc」であった場合と違った場合で、表示結果を変更できます（リスト4-2、図4-8）。

▼ リスト4-2 入力値が「abc」と同じかどうかを確認 (ifelse01.py)

```
01: str1 = input('「abc」と入力してください->')
02: if str1 == 'abc':
03:     print('正しく入力されました')
04: else:
05:     print('入力に間違いがありました')
06: print('終了します')
```

```
c:¥zero-python¥c04>python ifelse01.py
「abc」と入力してください->abc
正しく入力されました
終了します
```

● 図4-8 リスト4-2の実行結果 (入力値が「abc」だった場合)

リスト4-2では、入力値が「abc」だった場合はifブロックが実行され、6行目のすべてのブロックが終了した後の処理が実行されました。

入力値が「abc」以外だった場合は、図4-9のようになります。

```
c:¥zero-python¥c04>python ifelse01.py
「abc」と入力してください->abcz
入力に間違いがありました
終了します
```

● 図4-9 リスト4-2の実行結果 (入力値が「abc」以外だった場合)

入力値が「abc」以外、つまり条件と一致しない場合は、ifブロックは実行されず、4行目からのelseブロックの処理と、すべてのブロックが終了した後の処理が実行されます。

● elifブロックとは

ifの条件式に一致せず、さらに別の条件を指定したい場合はelifブロックを使用します。

● 書式：if-elif-elseブロックの書き方

```
if 条件式1：
    条件式1に一致する場合に実行する処理
elif 条件式2：
    条件式2に一致する場合に実行する処理
else：
    条件式1、2すべてに一致しない場合に実行する処理
```

ifから順に条件に一致するかを確認し、一致したブロックの処理を行います。ifとelif、どの条件にも当てはまらない場合はelseブロックを実行します。

● if-elif-elseブロックを使った入力値の確認

入力値が「abc」であった場合、「123」であった場合の表示結果を設定し、それ以外の出力結果と表示結果を変更できます（リスト4-3、図4-10）

▼ リスト4-3　入力値が「abc」「123」であるかを確認（ifelif02.py）

```
01: str1 = input('「abc」「123」のいずれかを入力してください->')
02: if str1 == 'abc':
03:     print('abcと入力されました')
04: elif str1 == '123':
05:     print('123と入力されました')
06: else:
07:     print('入力に間違いがありました')
08: print('終了します')
```

```
c:¥zero-python¥c04>python ifelif02.py
「abc」「123」のいずれかを入力してください->abc
abcと入力されました
終了します

c:¥zero-python¥c04>python ifelif02.py  ――― プログラムが終了するので再実行
「abc」「123」のいずれかを入力してください->123
123と入力されました
終了します

c:¥zero-python¥c04>python ifelif02.py  ――― プログラムが終了するので再実行
「abc」「123」のいずれかを入力してください->abcz
入力に間違いがありました
終了します
```

● 図4-10　リスト4-3の実行結果

ifブロックの条件に一致した場合（入力値「abc」）はリスト4-3の3行目の処理、ifブロックの条件に一致しないが、elifブロックの条件に一致した場合は5行目の処理が実行されます。

その両方に一致しない場合は、7行目のelseブロックの処理とすべてのブロックが終了した後の処理が実行されます。

● elifブロックの複数指定

「elseブロックは、ifブロック1つに対して1つだけ作成可能」と先ほど述べましたが、elifブロックはifブロック1つに対して複数を指定できます（リスト4-4、図4-11）。

▼ リスト4-4　複数のelifブロックを指定（ifelif03.py）

```
01: str1 = input('「abc」「123」「ABC」のいずれかを入力してください->')
02: if str1 == 'abc':
03:     print('abcと入力されました')
04: elif str1 == '123':
05:     print('123と入力されました')
06: elif str1 == 'ABC':
07:     print('ABCと入力されました')
08: else:
09:     print('入力に間違いがありました')
10: print('終了します')
```

```
c:¥zero-python¥c04>python ifelif03.py
「abc」「123」「ABC」のいずれかを入力してください->123
123と入力されました
終了します

c:¥zero-python¥c04>python ifelif03.py
「abc」「123」「ABC」のいずれかを入力してください->ABC
ABCと入力されました
終了します
```

● 図4-11　リスト4-4の実行結果

複数のelifブロックがある場合は、ifブロックから順に確認していき、一致する条件があった場合に処理が実行されます。

4-2-4 比較演算子を使ったさまざまな条件

4-1で比較演算子について解説しましたが、これらを使ってさまざまな条件文を書いてみましょう。

● 値が一致するかをチェック

リスト4-5は、値が同じかどうかをチェックするプログラムです。実行結果は図4-12のとおりです。

▼ リスト4-5　値が一致するかをチェック（hikaku01.py）

```
01: if 3 == 3:
02:     print('3==3です')
```

```
c:¥zero-python¥c04>python hikaku01.py
3==3です
```

● 図4-12　リスト4-5の実行結果

整数の大きさを比較する

リスト4-6は、整数の大きさを比較するプログラムです。実行結果は図4-13のとおりです。

▼ リスト4-6　整数の比較 (hikaku02.py)

```
01: if 3 > 2:
02:     print('3 > 2です')
```

```
c:¥zero-python¥c04>python hikaku02.py
3 > 2です
```

図4-13　リスト4-6の実行結果

文字列を比較する

リスト4-7は、文字列を比較するプログラムです。実行結果は図4-14のとおりです。

▼ リスト4-7　英語文字列の大小を比較 (hikaku03.py)

```
01: if 'a' < 'c':
02:     print('aはcよりも後の文字です')
```

```
c:¥zero-python¥c04>python hikaku03.py
aはcよりも後の文字です
```

図4-14　リスト4-7の実行結果

比較演算子で文字列を比較する場合は、ASCIIコードを使います。ASCIIコードでは、文字を数値で表し、その数値が比較対象となります。一般的には辞書に出てくる順番です。

リスト4-8は、日本語で文字列を比較したプログラムです。実行結果は図4-15のとおりです。

▼ リスト4-8　日本語文字列の大小を比較 (hikaku04.py)

```
01: if '山' > '谷':
02:     print('やまはたにより後の文字です')
03: else:
04:     print('やまはたにより前の文字です')
```

```
c:¥zero-python¥c04>python hikaku04.py
やまはたにより前の文字です
```

図4-15　リスト4-8の実行結果

一般的には辞書に出てくる順番ですと述べましたが、日本語、特に漢字の場合、読み方が比較対象になるわけではありません。

リスト4-8では、山(やま)と谷(たに)を比較しています。読み方で言えば「たに」は「やま」より前に出てきますが、図4-15ではそうなっていないことがわかります。

以上・以下・未満・より大きい

リスト4-9は、数値に変数名を付けて比較したプログラムです。実行結果は図4-16のとおりです。

▼リスト4-9 数値に変数名を付けて比較 (hikaku05.py)

```
01: a = 10
02: b = 10
03:
04: if a >= b:
05:     print('aはb以上です')
06:
07: if a > b:
08:     print('aはbより大きいです')
09:
10: if a <= b:
11:     print('aはb以下です')
12:
13: if a < b:
14:     print('aはb未満です')
```

```
c:¥zero-python¥c04>python hikaku05.py
aはb以上です
aはb以下です
```

図4-16 リスト4-9の実行結果

比較演算子で間違えやすいのが、比較対象と同じものを含む・含まないの違いです。含む時は後ろに「=」を付ける、含まない時は付けない、と覚えましょう。

● ブール型変数のチェック

変数の値がブール型(真偽値)の場合、そのまま変数を条件式の代わりに書くこともできます(リスト4-10、図4-17)。

▼ リスト4-10　ブール型変数による条件(hikaku06.py)

```
01: b = True
02: if b:
03:     print('bはTrueです')
```

```
c:¥zero-python¥c04>python hikaku06.py
bはTrueです
```

● 図4-17　リスト4-10の実行結果

COLUMN

インデントの書き方

インデントは半角スペースまたはタブを入力します。なお、本書ではインデントを半角スペース4つ分としています。

また、同じブロックではインデントを揃える必要があります。ただし、別のブロックであれば、違うインデントを設定できます。**リスト4-A**では、ブロックごとにインデントを変えていますが、見づらくなっているのが確認できると思おいます。

できるだけインデントは揃えたほうが良いでしょう。

● リスト4-A　インデントの使用例(サンプルなし)

```
if a > 0:
    print('ブロック1')  ―― インデントは半角スペース4つ分
elif a < 0:
        print('ブロック2')  ―― インデントは半角スペース8つ分
else:
  print('ブロック3')  ―― インデントは半角スペース2つ分
```

4-3 複数の条件を組み合わせよう

2つの条件の両方に当てはまる場合や、複数の条件のうちどれか1つが当てはまる場合など、複数の条件を組み合わせて使いたい場合があります。その場合は、論理演算子を使って複数の条件を組み合わせることができます。

4-3-1 論理演算子とは

条件同士を組み合わせるために使う演算子を**論理演算子**と言います。
主な論理演算子は表4-2のとおりです。

● 表4-2　論理演算子

論理演算子	内容	例
and	左右すべてTrueの場合はTrue、どちらかでもFalseであればFalse	a < 10 and a >= 0
or	左右どちらかがTrueの場合はTrue、左右両方がFalseの場合はFalse	a > 10 or a <= 0
not	notの後ろがTrueの場合はFalse、Falseの場合はTrue	not a < 10

表4-2にある論理演算子をベン図(注4)で表したのが図4-18です。斜線で示された部分が演算子によって対応する領域となります。

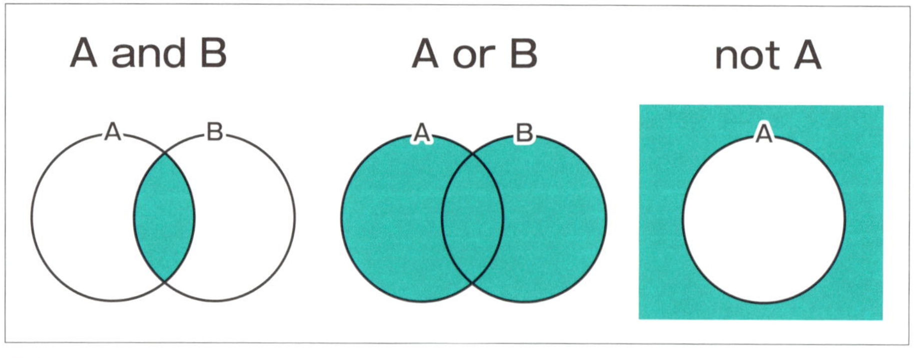

● 図4-18　ベン図

(注4)　集合などを視覚的にわかりやすくした図のことです。

4-3-2 すべての条件に当てはまる場合

● andを使って条件を書く

andを利用して、すべての条件に当てはまる時の条件を作ってみましょう（リスト4-11、図4-19）。

▼リスト4-11　andを使った条件例（and01.py）

```
01: a = int(input('整数を入力してください->'))
02: if a < 10 and a >=0:
03:     print('aは0以上10未満です')
04: else:
05:     print('aは0より小さい、または10以上です')
```

```
c:¥zero-python¥c04>python and01.py
整数を入力してください->8
aは0以上10未満です
```

● 図4-19　リスト4-11の実行結果

リスト4-11では、入力値が整数の0～9だった場合は真となり3行目を実行、それ以外の整数の場合は偽となり5行目を実行します。

● andを使わないで条件を書く

同じ変数に対する比較のみに限りますが、リスト4-11を簡略して書くことができます（リスト4-12）。実行結果は図4-19と同様になります（図4-20）。

▼リスト4-12　リスト4-11をandを使わずに書いた場合（and02.py）

```
01: a = int(input('整数を入力してください->'))
02: if 0 <= a < 10:
03:     print('aは0以上10未満です')
04: else:
05:     print('aは0より小さい、または10以上です')
```

```
c:¥zero-python¥c04>python and02.py
整数を入力してください->9
aは0以上10未満です
```

● 図4-20　リスト4-12の実行結果

4-3-3 どれか1つでも当てはまる場合

orを使って条件を書く

どれか1つでも条件に一致したら真とする場合は、orを使って条件を組み合わせます（リスト4-13、図4-21）。

▼リスト4-13　orを使った条件例（or01.py）

```
01: a = int(input('整数を入力してください->'))
02: if a < 0 or a >= 10:
03:     print('aは0より小さい、または10以上です')
04: else:
05:     print('aは0以上10未満です')
```

```
c:¥zero-python¥c04>python or01.py
整数を入力してください->12
aは0より小さい、または10以上です
```

図4-21　リスト4-13の実行結果

4-3-4 ある条件に当てはまらない場合

notを使って条件を書く

条件を否定したり、または反転させる場合はnotを使います（リスト4-14、図4-22）。

▼リスト4-14　notを使った条件例（not01.py）

```
01: a = int(input('整数を入力してください->'))
02: if not a < 10 :
03:     print('aは10未満ではありません')
04: elif not a >= 0:
05:     print('aは0以上ではありません')
06: else:
07:     print('aは0以上10未満です')
```

```
c:¥zero-python¥c04>python not01.py
整数を入力してください->12
aは10未満ではありません
```

図4-22　リスト4-14の実行結果

notによる条件は、ブール型の変数チェックなどでよく利用されます（リスト4-15、図4-23）。

▼ リスト4-15　notによるブール型の変数チェック（not02.py）

```
01: b = False
02:
03: if not b:
04:     print('bはTrueではありません')
```

```
c:¥zero-python¥c04>python not02.py
bはTrueではありません
```

● 図4-23　リスト4-15の実行結果

4-3-5 何度も条件を判定する方法

条件をいくつも組み合わせるには、論理演算子を使う以外に、ifブロックやelif、elseブロックの中にさらにifブロックを入れることで判定することもできます（**リスト4-16**、**図4-24**）。

▼ リスト4-16　何度も条件を判定する（ifnest01.py）

```
01: str1 = input('「abc」と入力してください->')
02: if str1 == 'abc':
03:     print('abcが正しく入力されました')
04:     str2 = input('「123」と入力してください->')
05:     if str2 == '123':
06:         print('123が正しく入力されました')
07:         print('ifブロック2が終わります')
08:     print('ifブロック1が終わります')
09: print('終了します')
```

```
c:¥zero-python¥c04>python ifnest01.py
「abc」と入力してください->abc
abcが正しく入力されました
「123」と入力してください->123
123が正しく入力されました
ifブロック2が終わります
ifブロック1が終わります
終了します
```

● 図4-24　リスト4-16の実行結果

ブロックの中にブロックが入っているような構造を**入れ子構造**と呼びます。

COLUMN

3項演算子

条件に当てはまる場合と当てはまらない場合で、変数に代入する値を変えたいときは、ifやelseを使います。

たとえば、変数num1の値が2で割り切れる場合は変数str1に「偶数」、割り切れない場合は「奇数」という文字列を代入するプログラムは、**リスト4-A**のとおりです(**図4-A**)。

▼ リスト4-A　3項演算子を使わない例(column01.py)

```
01: num1 = 10
02: str1 = '未入力'
03:
04: if num1 % 2 == 0:
05:     str1 = '偶数'
06: else:
07:     str1 = '奇数'
08:
09: print(str1)
```

```
c:¥zero-python¥c04>python column01.py
偶数
```

● 図4-A　リスト2-Aの実行結果

このような条件の判定と、変数への代入を同時に行うのが3項演算子です。

● 書式：3項演算子の書き方

変数 = *条件式がTrueの時の値* if *条件式* else *条件式がFalseの時の値*

リスト4-Aを3項演算子で書き換えたのが**リスト4-B**です。実行結果は図4-Aと同じです。

▼ リスト4-B　3項演算子を使った例(column02.py)

```
01: num1 = 10
02: str1 = '偶数' if num1 % 2 == 0 else '奇数'
03:
04: print(str1)
```

かなりすっきりと書けることがわかります。3項演算子は慣れるととても便利な機能です。

練習問題

問題1　入力された整数が正の数、負の数、0のいずれかを判断し、その結果を表示するプログラムを作り、実行しましょう。

ファイル名　script4-1.py

● 実行イメージ

正の数を入力した場合

```
正の数です
```

負の数を入力した場合

```
整数を入力してください->-5
負の数です
```

0を入力した場合

```
整数を入力してください->0
0です
```

問題2　2つの数を入力して、どちらが大きいかを表示するプログラムを作り、実行しましょう。

ファイル名　script4-2.py

● 実行イメージ

数字1の方が大きい場合

```
数字1を入力してください->3
数字2を入力してください->2
数字1は数字2より大きい
```

数字2の方が大きい場合

```
数字1を入力してください->2
数字2を入力してください->3
数字2が数字1より大きい
```

同じ数の場合

```
数字1を入力してください->3
数字2を入力してください->3
数字1と数字2は同じ数
```

問題3 **入力した時間が6～10であれば「おはようございます」、11～15であれば「こんにちは」、16～23または0～5であれば「こんばんは」、0より小さい、または24以上だった場合は、「0から23までの数字を入力してください」と表示するプログラムを作り、実行しましょう。**

ファイル名　script4-3.py

● 実行イメージ

入力した時間が6～10の場合

```
今何時ですか？->6
おはようございます
```

入力した時間が11～15の場合

```
今何時ですか？->14
こんにちは
```

入力した時間が16～23、または0～5の場合

```
今何時ですか？->22
こんばんは
```

0より小さい、または24以上の場合

```
今何時ですか？->-5
0から23までの数字を入力してください
```

CHAPTER

5

データの集まりを使おう

これまで学んだデータ型では、1つの変数に1つの値しか入れることができません。たくさんの値を使う場合、すべての値に変数名を付けるのはとても大変です。そのため、Pythonでは、値をまとめて1つの変数に入れる方法がいくつかあります。本Chapterでは、データの集まりをひとまとめにして使うデータ型について学びましょう。

5-1 順序のあるデータの集まりを使おう（リスト）

たくさんの値をまとめて1つの変数に入れる方法はいくつかありますが、まずは順序のあるデータの集まりである、リストの使い方について学びましょう。

5-1-1 リストとは

リストとは、0からはじまる部屋番号にそれぞれ値を入っている、アパートの部屋のようなものと例えることができます（図5-1）。

アパートの各部屋には、さまざまな値を入れることができます。リストの中の部屋に入っている値を**要素**と呼びます。要素にはどんなデータの型も入れることができ、リストの中にリストを入れることもできます（図5-1）。

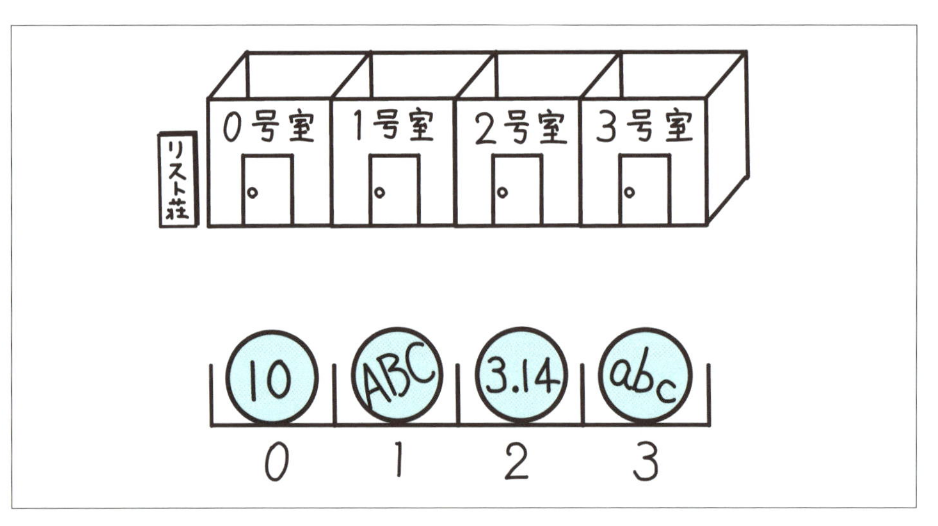

● 図5-1　リストの中に入っているデータ

5-1-2 リストの作成

リストを作成するには、変数名の後に「,」で区切った要素を[]でくくって、ひとまとめにします。

● 書式：リストの作り方

```
変数名 = [要素1, 要素2, 要素3 ……]
```

リストの作成

変数lstに整数の「10」、小数を含む「3.14」、文字列「abc」と、それぞれデータ型が異なる3つの要素を入れてみましょう。

リスト5-1を記述し、C:¥zero-python¥c05フォルダにlist01.pyという名前で保存してください。実行結果は図5-1のとおりです。

▼ リスト5-1　リストの作成例（list01.py）

```
01: lst = [10, 3.14, 'abc']
02: print(lst)
```

```
C:¥Users¥p-user>cd c:¥zero-python¥c05

c:¥zero-python¥c05>python list01.py
[10, 3.14, 'abc']
```

● 図5-2　リスト5-1の実行結果

これで、それぞれの要素が各部屋に入ったlstというリストができあがりました。

リストの中にリストを入れて作成

リストの中にリストを入れる場合は、リスト5-2のように記述します。実行結果は図5-3のとおりです。

▼ リスト5-2　リストの中にリストを入れる例（list02.py）

```
01: lst = [10, [1, 2, 3], 30]
02: print(lst)
```

```
c:¥zero-python¥c05>python list02.py
[10, [1, 2, 3], 30]
```

● 図5-3　リスト5-2の実行結果

5-1-3 リストから要素を取り出す

リストから要素を1つだけ取り出したい場合や、必要な部分だけ切り出す方法について学びましょう。

指定した場所の要素を取り出す

リストから要素を取り出すには、リストの要素番号（**インデックス**）という図5-1の部屋番号のようなものを指定します。

インデックスに0からはじまる整数を指定すると、前から数えて何番目の要素を取り出す、という意味になります（**リスト5-3、図5-4**）。

▼ リスト5-3 要素の取り出しと表示の例（list03.py）

```
01: lst = [10, [1, 2, 3], 30]
02: print(lst[0])
03: print(lst[1])
04: print(lst[2])
```

```
c:¥zero-python¥c05>python list03.py
10
[1, 2, 3]
30
```

● 図5-4 リスト5-3の実行結果

なお、要素の入っていないインデックスを指定した場合は、エラーが表示されます（**図5-5**）。

```
Traceback (most recent call last):
  File "<stdin>", line 1, in <module>
IndexError: list index out of range
```

インデックスエラー

● 図5-5 インデックスエラーの例

マイナスを指定して要素を取り出す

インデックスにマイナスを指定することも可能です。マイナスを指定した場合は、後ろから数えて何番目の要素を取り出す、という意味になります（**リスト5-4、図5-6**）。

▼ リスト5-4 マイナスのインデックス例（list04.py）

```
01: lst = [10, [1, 2, 3], 30]
02: print(lst[-2])
03: print(lst[-1])
```

```
c:¥zero-python¥c05>python list04.py
[1, 2, 3]            後ろから2番目の要素
30                   一番最後の要素
```

● 図5-6　リスト5-4の実行結果

リスト5-4の2行目では、インデックスに「-2」を指定しました。これは後ろから2番目の要素を示しますので、「[1, 2, 3]」が結果として表示されています。

3行目ではインデックスに「-1」を指定しましたが、これは必ず「一番最後の要素を取り出す」という意味になるため、「30」が結果として表示されています。

●リストを切り出す（スライス）

現在のリストの中から取り出したい要素を切り出し、新しいリストを作る方法を**スライス**と言います。スライスを実行するには、[:]を使います。

● **書式：スライスの書き方**

> *変数名* = リスト[*開始インデックス*:*終了インデックス*]

リスト5-5はスライスの実行例です。実行結果は図5-7のとおりです。

▼ リスト5-5　スライスの実行例（list05.py）

```
01: lst = [10, 3.14, 'abc']
02: slice = lst[1:3]
03: print(slice)
```

```
c:¥zero-python¥c05>python list05.py
[3.14, 'abc']
```

● 図5-7　リスト5-5の実行結果

終了インデックスは「このインデックス番号になる前までに終了する」という意味です。**5-1-3**でインデックスは0からはじまる整数と説明しました。リスト5-5の場合は「インデックス番号1、つまり2番目の要素から、3の1つ手前であるインデックス番号2、つまり3番目の要素を切り出すという意味になります。

また、開始インデックスを省略した場合ははじめから、終了インデックスを省略した場合は開始インデックスから最後まで切り出します（リスト5-6、図5-8）。

▼ リスト5-6 開始インデックスの省略例(list06.py)

```
01: lst = [10, 3.14, 'abc']
02: slice = lst[:2]
03: print(slice)
04: slice = lst[1:]
05: print(slice)
```

```
c:¥zero-python¥c05>python list06.py
[10, 3.14]——— lst[:2]の結果
[3.14, 'abc']——— lst[1:]の結果
```

● 図5-8 リスト5-6の実行結果

● 変数をリストの要素分用意する

リストの要素の数があらかじめわかっている場合、一度にすべての要素を変数に代入することができます(リスト5-7、図5-9)。

▼ リスト5-7 要素を変数に代入する例(list07.py)

```
01: lst = [10, 3.14, 'abc']
02: a, b, c = lst
03: print(a)
04: print(b)
05: print(c)
```

```
c:¥zero-python¥c05>python list07.py
10
3.14
abc
```

● 図5-9 リスト5-7の実行結果

結果が表示されました。ただし、変数の数が要素の数と一致していないとエラーになります(リスト5-8、図5-10)。

▼ リスト5-8 変数の数が合わない場合の例(list08.py)

```
01: lst = [10, 3.14, 'abc']
02: a, b = lst
03: print(a)
04: print(b)
```

```
c:¥zero-python¥c05>python list08.py
Traceback (most recent call last):
  File "list08.py", line 2, in <module>
    a, b = lst
ValueError: too many values to unpack (expected 2) —— 変数が足りないと出る
```

● 図5-10 リスト5-8の実行結果

図5-10ではValueErrorとなっていますが、これはリストの要素の数に対し、用意された変数が足りないというエラーを示します。

●リストの中に要素が入っているかどうか確認する

ある要素がリストの中に入っているかどうかを確認するには、**in演算子**または**indexメソッド**を使います。

メソッドとは、各データ型が持っているデータ型専用の関数です。詳しくは**Chapter 8**で学びます。

● 書式；in演算子の使い方

```
要素 in リスト
```

● 書式：indexメソッドの使い方

```
リスト.index(要素)
```

in演算子を使うと、リストに要素として含まれる場合はTrue、含まれない場合はFalseとなります（**リスト5-9**、**図5-11**）。

▼ リスト5-9　in演算子の実行例（list09.py）

```
01: lst = [10, 3.14, 'abc']
02: print('abc' in lst)
03: print('XYZ' in lst)
```

```
c:¥zero-python¥c05>python list09.py
True ――――― リストに「abc」が含まれる
False ――――― リストに「XYZ」は含まれない
```

● 図5-11　リスト5-9の実行結果

indexメソッドの場合、リストに要素として含まれる場合はインデックスを表示、含まれない場合はエラーとなります（**リスト5-10**、**図5-12**）。

▼リスト5-10 indexメソッドの実行例 (list10.py)

```
01: lst = [10, 3.14, 'abc']
02: number = lst.index('abc')
03: print(number)
04: number = lst.index('XYZ')
```

```
c:¥zero-python¥c05>python list10.py
2 ―――――――――――――――――――― インデックスを表示
Traceback (most recent call last):
  File "list10.py", line 4, in <module>
    number = lst.index('XYZ')
ValueError: 'XYZ' is not in list ―― エラーになる
```

● 図5-12 リスト5-10の実行結果

5-1-4 リストの要素を変更する

● 要素を変更する

元々入っている要素を変更する場合は、インデックス番号を指定して代入します（リスト5-11、図5-13）。

▼リスト5-11 要素の変更例 (list11.py)

```
01: lst = [10, 3.14, 'abc']
02: print(lst[1])
03: lst[1] = 6.2
04: print(lst[1])
```

```
c:¥zero-python¥c05>python list11.py
3.14
6.2
```

● 図5-13 リスト5-11の実行結果

● 要素を後ろに追加する

今まで入っているリストの後ろに追加する場合は、+=演算子を使ってリスト同士をつなげます（リスト5-12、図5-14）。

● 書式：リスト同士をつなげる方法

```
リスト1 += リスト2
```

▼ リスト5-12　+=演算子でリスト同士をつなげる例 (list12.py)

```
01: lst = [10, 3.14, 'abc']
02: lst += [20]
03: print(lst)
```

```
c:¥zero-python¥c05>python list12.py
[10, 3.14, 'abc', 20]　「20」が追加
```

● 図5-14　リスト5-12の実行結果

また、appendメソッドを使って追加することもできます（リスト5-13、図5-15）。

● 書式：appendメソッドの使い方

```
リスト.append(追加したい要素)
```

▼ リスト5-13　appendメソッドによる要素追加例 (list13.py)

```
01: lst = [10, 3.14, 'abc']
02: lst.append(20)
03: print(lst)
```

```
c:¥zero-python¥c05>python list13.py
[10, 3.14, 'abc', 20]　「20」が追加
```

● 図5-15　リスト5-13の実行結果

● 要素をリストの途中に追加する

リストの途中で新たに要素を追加したい場合は、insertメソッドを使います（リスト5-14、図5-16）。

● 書式：insertメソッドの使い方

```
リスト.insert(追加したい場所のインデックス, 追加したい要素)
```

▼ リスト5-14　要素をリストの途中に追加する例 (list14.py)

```
01: lst = [10, 3.14, 'abc']
02: lst.insert(1, 'ABC')
03: print(lst)
```

```
c:¥zero-python¥c05>python list14.py
[10, 'ABC', 3.14, 'abc']　インデックス1の位置に「ABC」を追加
```

● 図5-16　リスト5-14の実行結果

insertメソッドを使った場合、追加した場所から後ろの要素は1つずつ後ろにずれます（図5-17）。

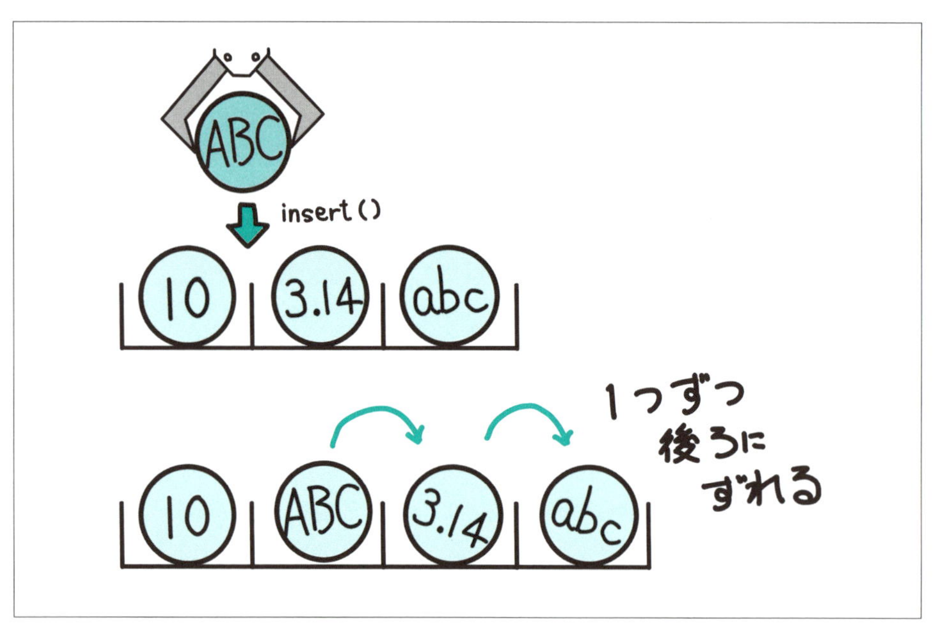

● 図5-17　insertメソッド

● インデックスを指定して要素を削除する

リストから要素を削除する場合は、インデックスを指定して削除する方法と、要素を指定して削除する方法があります。

インデックスを指定して削除する場合は、delまたはpopメソッドを使います（リスト5-12、リスト5-13）。実行結果は図5-18、図5-19のとおりです。

● 書式：要素の削除方法

```
del リスト[削除したいインデックス]
リスト.pop(削除したいインデックス)
```

▼ リスト5-15　要素を削除する例（del、list15.py）

```
01: lst = [10, 3.14, 'abc']
02: del lst[1]
03: print(lst)
```

```
c:¥zero-python¥c05>python list15.py
[10, 'abc'] ———— インデックス1（2番目）の要素を削除
```

● 図5-18　リスト5-15の実行結果

▼ リスト5-16　要素を削除する例（popメソッド、list16.py）

```
01: lst = [10, 3.14, 'abc']
02: lst.pop(0)
03: print(lst)
```

```
c:¥zero-python¥c05>python list16.py
[3.14, 'abc'] ――――― インデックス0（1番目）の要素を削除
```

● 図5-19　リスト5-16の実行結果

● 要素を指定して削除する

要素を指定して削除する場合は、removeメソッドを使います（リスト5-17、図5-20）。

▼ リスト5-17　要素を指定して削除する例（removeメソッド、list17.py）

```
01: lst = [10, 3.14, 'abc']
02: lst.remove(3.14)
03: print(lst)
```

```
c:¥zero-python¥c05>python list17.py
[10, 'abc'] ――――― 指定した要素が削除された
```

● 図5-20　リスト5-17の実行結果

removeメソッドを使うときに、要素が存在しない場合はエラーになるため、ifと組み合わせて使うと良いでしょう（リスト5-18、図5-21）。

▼ リスト5-18　ifとremoveメソッドを組み合わせた例（list18.py）

```
01: lst = [10, 3.14, 'abc']
02: if 'XYZ' in lst:
03:     lst.remove('XYZ')
04: print(lst)
```

```
c:¥zero-python¥c05>python list18.py
[10, 3.14, 'abc']
```

● 図5-21　リスト5-18の実行結果

5-1-5 リストの長さを確認する

リストでは要素の数を**リストの長さ**と呼びます。このリストの長さを確認するには、**len()関数**を使用します（リスト5-19、図5-22）。

● 書式：len()関数の使い方

```
len(リスト)
```

▼ リスト5-19　len()関数の例（list19.py）

```
01: lst = [10, 3.14, 'abc']
02: count = len(lst)
03: print(count)
```

```
c:¥zero-python¥c05>python list19.py
3 ――――― 要素の数を出力
```

● 図5-22　リスト5-19の実行結果

リストの最後の要素を取り出す場合、インデックスに「-1」を指定する（リスト5-4参照）以外に、len()関数を使って取り出すこともできます（リスト5-20、図5-23）。

▼ リスト5-20　len()関数とインデックス番号の組み合わせ（list20.py）

```
01: lst = [10, 3.14, 'abc']
02: last = lst[len(lst) - 1]
03: print(last)
```

```
c:¥zero-python¥c05>python list20.py
abc ――――― 最後の要素が取り出される
```

● 図5-23　リスト5-20の実行結果

COLUMN

min()関数と max()関数

リストの要素が数値のみ、文字列のみなど、それらの中で比較できる場合は、min( )関数やmax( )関数を使って、リスト要素の最小値・最大値を取得できます（**リスト5-A**、**図5-A**）。

▼リスト5-A　要素の最小値・最大値の取得例（listcolumn01.py）

```
01: numbers = [10, 30, 20, 15]
02: min_num = min(numbers)
03: max_num = max(numbers)
04: print('最小値:', min_num)
05: print('最大値:', max_num)
```

```
c:¥zero-python¥c05>python listcolumn01.py
最小値: 10
最大値: 30
```

●図5-A　リスト5-Aの実行結果

ただし、文字列と数値が混ざっているリストでは使用できません（**リスト5-B**、**図5-B**）。

▼リスト5-B　取得エラー例（listcolumn02.py）

```
etc = [10, 3.14, 'abc']
min_str = min(etc)
max_str = max(etc)
print('最小値:', min_str)
print('最大値:', max_str)
```

```
c:¥zero-python¥c05>python listcolumn02.py
Traceback (most recent call last):
  File "listcolumn02.py", line 2, in <module>
    min_str = min(etc)
TypeError: '<' not supported between instances of 'str' and 'float'
```

●図5-B　リスト5-Bの実行結果

5-2 あとから変更できないリストを使おう（タプル）

あとから要素を変更しなくても良い場合や、変更されたくない場合に利用するタプルについて解説します。

5-2-1 タプルとは

5-1ではリストについて解説しましたが、これとよく似たものに**タプル**（tuple）があります。

タプルとリストで一番大きく異なるのは、タプルでは要素の追加や削除など、あとからデータを変更できないということです。

たとえば、タプルのデータにdelやinsertメソッドなど、要素の変更を行おうとするとエラーが出力されます（リスト5-21、図5-24）。

▼リスト5-21　タプルでできないことの例（tuple01.py）

```
01: tpl = (10, 3.14, 'abc')
02: tpl.insert(1, 'ABC')
03: print(tpl)
```

```
c:¥zero-python¥c05>python tuple01.py
Traceback (most recent call last):
  File "tuple01.py", line 2, in <module>
    tpl.insert(1, 'ABC')
AttributeError: 'tuple' object has no attribute 'insert'
```

タプルでは要素追加ができないというメッセージ

●図5-24　リスト5-21の実行結果

5-2-2 タプルの作成

リスト作成の場合は[]を使いましたが、タプルでは()を使います。

●書式：タプルの作り方

```
変数名 = (要素1, 要素2, 要素3 ……)
```

タプルの例として**リスト5-22**を作成してみましょう。実行結果は**図5-25**のとおりです。

▼ **リスト5-22 タプルの作成例(tuple02.py)**

```
01: tpl = (10, 3.14, 'abc')
02: print(tpl)
```

```
c:¥zero-python¥c05>python tuple02.py
(10, 3.14, 'abc')
```

● **図5-25 リスト5-22の実行結果**

ただし、要素が1つだけのタプルを作成する場合も、要素の最後に必ず「,」を付けてください。付けない場合は数値や文字列の値として扱われます(**リスト5-23**、**図5-26**)。

▼ **リスト5-23 要素が1つだけのタプルの例(tuple03.py)**

```
01: tpl = (10)
02: print(tpl)
03: tpl = (10,)
04: print(tpl)
```

```
c:¥zero-python¥c05>python tuple03.py
10 ──── 「,」を付けないと数値として出力
(10,) ── 「,」を付けるとタプルになる
```

● **図5-26 リスト5-23の実行結果**

5-2-3 タプルから要素を取り出す

タプルから要素を取り出す方法は、リストの場合と同様にインデックスを指定したり、スライスを使って切り出します(**リスト5-24**、**図5-27**)。

▼ **リスト5-24 インデックスを指定してタプルから要素を取り出す例(tuple04.py)**

```
01: tpl = (10, 3.14, 'abc')
02: print(tpl[1])
03: print(tpl[1:3])
```

```
c:¥zero-python¥c05>python tuple04.py
3.14
(3.14, 'abc')
```

● **図5-27 リスト5-24の実行結果**

その他、len()関数を使ってタプルの長さを確認したり、in演算子を使って要素が入っているかどうか確認する際も、リストと同様の方法で可能です（リスト5-25、図5-28）。

▼リスト5-25　タプルでできること（その2、tuple05.py）

```
01: tpl = (10, 3.14, 'abc')
02: count = len(tpl)
03: print(count)
04: print(3.14 in tpl)
```

```
c:¥zero-python¥c05>python tuple05.py
3
True
```

●図5-28　リスト5-25の実行結果

COLUMN

タプルからリスト、リストからタプル

リストを作成するためのlist()関数を使うと、文字列の1文字ずつを要素とするリストを作成したり、タプルをリストに変換することが可能です。逆に、リストをタプルに変更する場合はtuple()関数を使います（リスト5-A、図5-A）。

▼リスト5-A　タプルからリスト、リストからタプルの変換例（tuplecolumn01.py）

```
tpl = (10, 3.14, 'abc')
lst = list(tpl)
print(lst)
tpl = tuple(lst)
print(tpl)
```

```
c:¥zero-python¥c05>python tuplecolumn01.py
[10, 3.14, 'abc'] ――― リストが出力
(10, 3.14, 'abc') ――― タプルが出力
```

●図5-A　リスト5-Aの実行結果

リスト5-Aの1行目ではタプルが設定されています。2行目のlist()関数でリストに変換され、3行目で出力しています。4行目でtuple()関数を使って再びタプルに変換され、5行目で出力しています。

5-3 キーワードで区別できるようにまとめよう

ここまで解説したリストやタプルでは、要素の順番が決まっていました。ここでは、要素を順番ではなく、キーワードで区別する辞書について解説します。

5-3-1 辞書とは

キーワードで要素の区別をするためのデータ型を**辞書**(dict)と言います。

辞書はリストのように順番に入っているわけではなく、区別するための「**キー**」と「**値**(注1)」の組み合わせが袋にまとめられているイメージです(図5-29)。

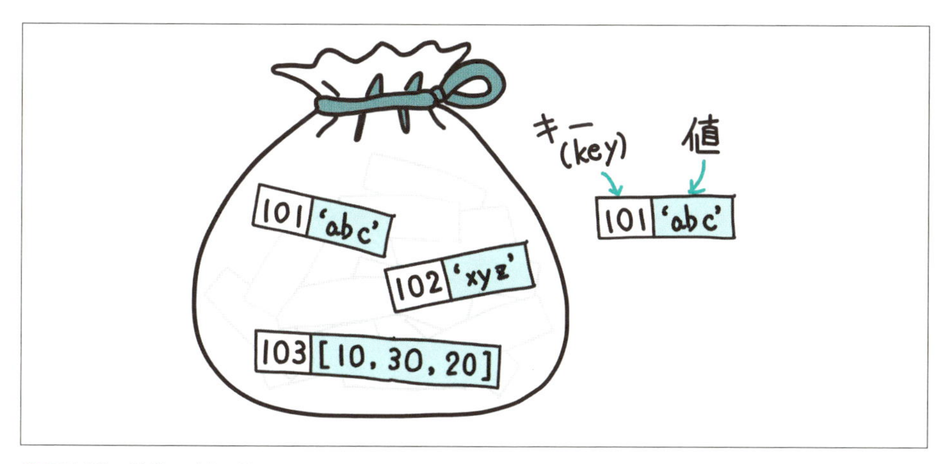

● 図5-29　辞書のイメージ

5-3-2 辞書の作成

辞書を作成する場合は{}を使います。

● 書式：辞書の作り方

```
辞書 = {キー1: 値1, キー2: 値2, キー3: 値3……}
```

(注1)　辞書では、「キー」と「値」の組み合わせ1つ分のことを「要素」と呼びます。

辞書はキーと値のペア

リストやタプルでは要素番号としてインデックスを使っていましたが、辞書ではインデックスの代わりにキー(key)というキーワードを使用します(リスト5-26、図5-30)。

▼リスト5-26　辞書の作成例(jisho01.py)

```
01: dct = {101: 'abc', 102: 'xyz', 103: [10, 30, 20]}
02: print(dct)
```

```
c:¥zero-python¥c05>python jisho01.py
{101: 'abc', 102: 'xyz', 103: [10, 30, 20]}
```

図5-30　リスト5-26の実行結果

図5-30では、「101」「102」「103」がキー、「abc」「xyz」「[10, 30, 20]」が値となります。これらの中で以下の組み合わせでペアとなり、キーを使って値が呼び出されます。

- 「101」と「abc」
- 「102」と「xyz」
- 「103」と「[10, 30, 20]」

キーが重複した場合

キーは、1つの辞書の中で重複してはいけません。重複したキーが存在した場合は、最後の値で上書きされます(リスト5-27、図5-31)。

▼リスト5-27　キーが重複した場合の例(jisho02.py)

```
01: dct = {101: 'abc', 102: 'xyz', 101: [10, 30, 20]}
02: print(dct)
```

```
c:¥zero-python¥c05>python jisho02.py
{101: [10, 30, 20], 102: 'xyz'}
```

図5-31　リスト5-27の実行結果

リスト5-27の1行目では、キー「101」が2つありますが、実際の出力は、最後にペアとなった「[10, 30, 20]」のみとなっています。

COLUMN

リストや辞書はキーにできない

キーは後から変更ができないようにするため、リストや辞書をキーにすることができません（図5-A）。

```
>>> dct = {[10, 30, 20]: 'abc', 102: 'xyz'}
Traceback (most recent call last):
  File "<stdin>", line 1, in <module>
TypeError: unhashable type: 'list'
```

● 図5-A　キーにできないデータ型（対話モード）

5-3-3 辞書から値を取り出す

辞書から値を取り出す場合は、キーを使って指定します（リスト5-28、図5-32）。

▼ リスト5-28　辞書から値を取り出す例（jisho03.py）

```
01: dct = {101: 'abc', 102: 'xyz', 103: [10, 30, 20]}
02: print(dct[102])
```

```
c:¥zero-python¥c05>python jisho03.py
xyz
```

● 図5-32　リスト5-28の実行結果

キーを使って取り出すときに、存在しないキーを指定するとエラーになります。

● 辞書にスライスは使えない

辞書は順番が決まっていないため、スライスで切り出すことはできません（リスト5-29、図5-33）。

▼ リスト5-29　辞書にスライスを使ってエラーになる例（jisho04.py）

```
01: dct = {101: 'abc', 102: 'xyz', 103: [10, 30, 20]}
02: dct[:2]
```

```
c:¥zero-python¥c05>python jisho04.py
Traceback (most recent call last):
  File "jisho04.py", line 2, in <module>
    dct[:2]
TypeError: unhashable type: 'slice'
```

● 図5-33　リスト5-29の実行結果

getメソッドで値を取り出す

getメソッドを使って取り出すこともできます。その場合、存在しないキーを指定すると結果はNoneになりますが、デフォルト値を指定した場合は、そのデフォルト値で出力されます（リスト5-30、図5-34）。

書式：getメソッドの使い方

```
キーと対応する値 = 辞書.get(キー)
キーと対応する値 = 辞書.get(キー, デフォルト値)
```

▼ リスト5-30　getメソッドで値を取り出す例（jisho05.py）

```
01: dct = {101: 'abc', 102: 'xyz', 103: [10, 30, 20]}
02: print(dct.get(101))
03: print(dct.get(999))
04: print(dct.get(999, 'ありません'))
```

```
c:¥zero-python¥c05>python jisho05.py
abc ――― キー「101」の値を表示
None ――― キー「999」がないのでNoneを表示
ありません―― 指定されたデフォルト値を表示
```

図5-34　リスト5-30の実行結果

5-3-4　辞書の内容を変更する

あとから値を変更する

辞書は一度作成すると、あとからキーを変更できません。ただし、キーに対応する値については変更可能です（リスト5-31、図5-35）。

▼ リスト5-31　あとから値を変更する例（jisho06.py）

```
01: dct = {101: 'abc', 102: 'xyz', 103: [10, 30, 20]}
02: dct[103] = 'ABC'
03: print(dct)
```

```
c:¥zero-python¥c05>python jisho06.py
{101: 'abc', 102: 'xyz', 103: 'ABC'} ― キー「103」の値が'ABC'に変わる
```

図5-35　リスト5-31の実行結果

要素を追加する

辞書であとから要素（キーと値の組み合わせ）を追加する場合は、存在しないキーに対して値を代入します（リスト5-32、図5-36）。

▼ リスト5-32　要素を追加する例（jisho07.py）

```
01: dct = {101: 'abc', 102: 'xyz', 103: [10, 30, 20]}
02: dct[201] = 'ABC'
03: print(dct)
```

```
c:¥zero-python¥c05>python jisho07.py
{101: 'abc', 102: 'xyz', 103: [10, 30, 20], 201: 'ABC'}
```

● 図5-36　リスト5-32の実行結果

● 要素を削除する

辞書の要素を削除する場合は、削除したい要素のキーを指定してdelを使って削除します（リスト5-33、図5-37）。

▼ リスト5-33　要素を削除する例（jisho08.py）

```
01: dct = {101: 'abc', 102: 'xyz', 103: [10, 30, 20]}
02: del dct[103]
03: print(dct)
```

```
c:¥zero-python¥c05>python jisho08.py
{101: 'abc', 102: 'xyz'}
```

● 図5-37　リスト5-33の実行結果

指定したキーが存在しない場合、エラーになります（リスト5-34、図5-38）。

▼ リスト5-34　要素の削除に失敗した例（jisho09.py）

```
01: dct = {101: 'abc', 102: 'xyz', 103: [10, 30, 20]}
02: del dct[999]
03: print(dct)
```

```
c:¥zero-python¥c05>python jisho09.py
Traceback (most recent call last):
  File "jisho09.py", line 2, in <module>
    del dct[999]
KeyError: 999 ―― 存在しないキーが指定されたためエラーとなる
```

● 図5-38　リスト5-34の実行結果

そのため、リストと同じようにin演算子を使って（リスト5-9参照）、キーの存在をチェックしてから削除したほうが良いでしょう。

辞書でin演算子を使うと、指定した値が辞書のキーに存在する場合はTrueとなります（リスト5-35、図5-39）。

▼リスト5-35 inとdelを組み合わせた例（jisho10.py）

```
01: dct = {101: 'abc', 102: 'xyz', 103: [10, 30, 20]}
02: if 999 in dct:
03:     del dct[999]
04: print(dct)
```

```
c:¥zero-python¥c05>python jisho10.py
{101: 'abc', 102: 'xyz', 103: [10, 30, 20]}
```

●図5-39 リスト5-35の実行結果

リスト5-35では「dct」で指定した辞書のキーに「999」は存在しないため、削除を行っていません。

5-3-5 キーの集まりを取り出す

keysメソッドを使うと、辞書からキーの集まりだけをリストのような形で取り出すことができます（**リスト**5-36、**図**5-40）。

▼リスト5-36 keysメソッドの使った例（jisho11.py）

```
01: dct = {101: 'abc', 102: 'xyz', 103: [10, 30, 20]}
02: ks = dct.keys()
03: print(ks)
04: dct[104] = 'XYZ'
05: print(ks)
```

```
c:¥zero-python¥c05>python jisho11.py
dict_keys([101, 102, 103])
dict_keys([101, 102, 103, 104]) —— キーの集まりが変更されている
```

●図5-40 リスト5-36の実行結果

リスト5-36の4行目で要素を追加して辞書に変更を加えていますが、そのあとでキーを出力すると、新たなキーが追加されていることがわかります。

5-3-6 キーと値をセットで取り出す

itemsメソッドを使うと、キーと値のセットをタプルにしたものをリストのようなもので取り出すことができます（**リスト**5-37、**図**5-41）。

▼リスト5-37　itemsメソッドを使った例（jisho12.py）

```
01: dct = {101:'abc', 102:'xyz', 103:[10,30,20]}
02: its = dct.items()
03: print(its)
04: dct[103] = 'XYZ'
05: print(its)
```

```
c:¥zero-python¥c05>python jisho12.py
dict_items([(101, 'abc'), (102, 'xyz'), (103, [10, 30, 20])])
dict_items([(101, 'abc'), (102, 'xyz'), (103, 'XYZ')])
```

●図5-41　リスト5-37の実行結果

キー「103」の組み合わせが「[10, 30, 20]」から「'XYZ'」に変更されているのがわかります。keysメソッドと同じように、itemsメソッドで取り出した値も辞書が変更されると自動的に変更されます。

COLUMN

辞書の値が存在するかチェックする

辞書のキーが存在するかどうかは、リスト5-35のようにin演算子で確認することができますが、値はin演算子だけではチェックすることができません。

値が存在するかを確認するには、まず値の集まりを取り出さなければいけません。それが「values」メソッドです。

valuesメソッドでは、keysメソッドと同じように値の一覧をリストのような形にしたものを取り出すことができます。

valuesメソッドを使うことで、辞書の値に存在するかどうかをチェックできます（**リスト5-A**、図5-A）。

▼リスト5-A　辞書の値が存在するか確認する（jisho_values01.py）

```
03: dct = {101: 'abc', 102: 'xyz', 103: [10, 30, 20]}
04:
05: if 'xyz' in dct.values():
06:     print('値：xyz が存在します')
07: else:
08:     print('値：xyz が存在しません')
```

```
c:¥zero-python¥c05>python jisho_values01.py
値：xyz が存在します
```

●図5-A　リスト5-Aの実行結果

一度valuesメソッドを使って取り出した値の集まりからであれば、in演算子を使って存在するかどうかを確認することができます。

5-4 重複しないようにデータをまとめよう

これまでデータの集まりとして、リスト、タプル、辞書について解説しました。最後にセットについて簡単に解説します。

5-4-1 セット（集合）とは

セット（集合）とは、これまで解説したリスト、タプル、辞書と同様、データの集まりの1つです。

セットの特徴として、重複したデータを入れることができない点が挙げられます。たとえば､リストやタプルにたくさんのデータがあるとします。それらが重複しないよう、データを取り出したい場合、セットを使うと簡単にデータの集まりを作ることができます（図5-42）。

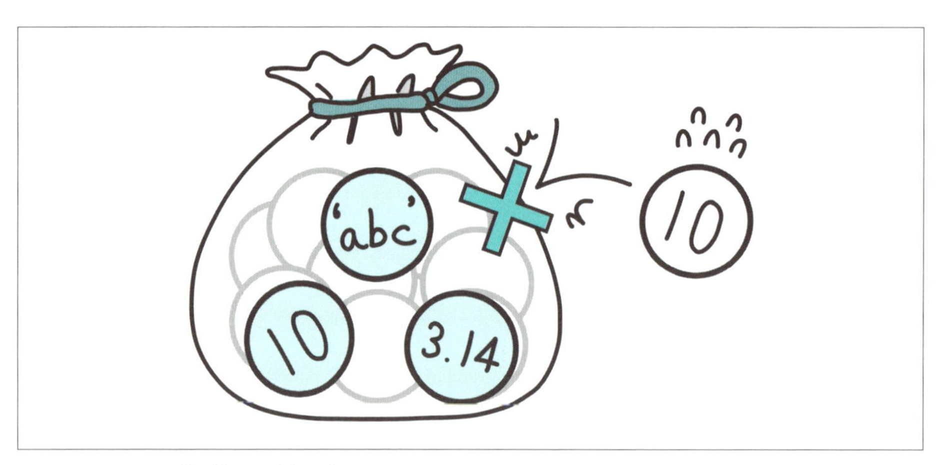

● 図5-42　セット（集合）では重複は許されない

5-4-2 セット（集合）の作成

セットを作るには、set()関数を使って元々あるリストやタプルから作ることが多いです。

● 書式：セットの作り方

```
セット = set(リストやタプルなどデータをまとめたもの)
```

● set()関数を使ってセットを作成する

セットを作るときに使ったリストやタプルなどのデータの中に重複した値が入っている場合は、自動的に重複を削除します（リスト5-38、図5-43）。

▼ リスト5-38　set()関数を使ってセットを作成する例（shugou01.py）

```
01: lst = [10, 3.14, 'abc', 10]
02: st = set(lst)
03: print(st)
```

```
c:¥zero-python¥c05>python shugou01.py
{'abc', 3.14, 10} ── 「10」の重複が解消されている
```

● 図5-43　リスト5-38の実行結果

● 直接値を指定してセットを作成する

set()関数を使わずに、直接値を指定してセットを作成できます。この場合は{}を使いますが、辞書のようにキーと値を区切る「:」は不要です（リスト5-39、図5-44）。

▼ リスト5-39　直接値を指定してセットを作成する例（shugou02.py）

```
01: st = {10, 3.14, 'abc', 10}
02: print(st)
```

```
c:¥zero-python¥c05>python shugou02.py
{3.14, 10, 'abc'}
```

● 図5-44　リスト5-39の実行結果

COLUMN

セットに入れられるデータ型

セットの要素として入れられる値は、あとから変更することができないものでなくてはいけません。そのため、リストや辞書のように追加や削除ができるデータを要素として入れることができません。

```
>>> st = {10, [1,2,3], 3.14}
Traceback (most recent call last):
  File "<stdin>", line 1, in <module>
TypeError: unhashable type: 'list'
```

● 図5-A　セットに使えないデータ型（対話モード）

5-4-3 セットから値を取り出す

リストやタプルとは異なり、セットは順序が指定されていないため、インデックスで取り出したり、スライスで切り出すことができません。また、辞書のようにキーを指定することもできません。

そのため、セットから値を取り出すには、すべての値を1つずつ取り出すように繰り返して処理を行う必要があります。処理の繰り返しについては**Chapter 6**で解説します。

ただし、in演算子を使って、セットの中にある値が要素として入っているかどうかをチェックすることはできますので、ifを使って値があるかどうかを確認できます（**リスト5-40、図5-45**）。

▼ リスト5-40　セットとin演算子の例（shugou03.py）

```
01: st = {10, 3.14, 'abc'}
02: if 3.14 in st:
03:     print(str(3.14) + 'はstの要素です')
04: else:
05:     print(str(3.14) + 'はstの要素ではありません')
```

```
c:¥zero-python¥c05>python shugou03.py
3.14はstの要素です
```

● 図5-45　リスト5-40の実行結果

5-4-4 セットの値を変更する

セットの中の値は入れ替えることはできません。入れ替えたい場合は、一度その値を削除してから再度追加します。

● 要素を削除する

セットの要素を削除するには、removeメソッドまたはdiscardメソッドを使います（**リスト5-41、図5-46**）。

▼ リスト5-41　セットから要素を削除する例（shugou04.py）

```
01: st = {10, 3.14, 'abc'}
02: st.remove(10)
03: print(st)
04: st.discard(3.14)
05: print(st)
```

```
c:¥zero-python¥c05>python shugou04.py
{3.14, 'abc'} ── removeメソッドで要素「10」を削除
{'abc'} ────── discardメソッドで要素「3.14」を削除
```

● 図5-46　リスト5-41の実行結果

removeメソッドとdiscardメソッドは共に要素を削除する際に使いますが、存在しない値を削除しようとした場合、removeメソッドではエラーになりますが、discardメソッドではエラーにならず、かつ何も行われません。

● 要素を追加する

セットに値を追加する場合は、addメソッドを使います（**リスト5-42**、**図5-47**）。

▼ リスト5-42　セットに要素を追加する例（shugou05.py）

```
01: st = {10, 3.14, 'abc'}
02: st.add(30)
03: print(st)
04: {10, 3.14, 'abc', 30}
```

```
c:¥zero-python¥c05>python shugou05.py
{3.14, 10, 'abc', 30}
```

● 図5-47　リスト5-42の実行結果

セットでは順序は決められていませんので、追加や削除した後にprint()関数で表示すると、要素の順番が変わる場合があります。

COLUMN

セットの利用例

キーやインデックス番号のないセットは、なかなか使う場面が思いつかないデータ型の1つです。

セットは、主に大量のデータの中から重複を排除するために使います。たとえば、リストから重複しないデータだけを取り出して、再度リストにしてみましょう（**リスト5-A**、**図5-A**）。

▼リスト5-A　リストから重複しないデータを取り出す（set_list.py）

```
01: lst = [101, 101, 103, 201, 104, 101, 105, 102, 105, 106, 107, 103, 201]
02: print('重複あり', lst)
03: st = set(lst)  ―――― リストからセットへ
04: no_dup_list = list(st)  ―― セットからリストへ
05: print('重複なし',no_dup_list)
```

```
c:¥zero-python¥c05>python set_list.py
重複あり [101, 101, 103, 201, 104, 101, 105, 102, 105, 106, 107, 103, 201]
重複なし [101, 102, 103, 104, 201, 105, 106, 107]
```

●図5-A　リスト5-Aの実行結果

一度セットに変換していますので、重複なしの順番は実行ごとに変わる可能性があります。

練習問題

問題1　**「100」「64」「48」「83」の4つを要素としたリストscoresを作って中身を表示するプログラムを作って実行しましょう。**

ファイル名　script5-1.py

● 実行結果

```
scores [100, 64, 48, 83]
```

問題2　**問題1で作ったリストの要素の合計と平均を表示するプログラムを作って実行しましょう。**

ファイル名　script5-2.py

● 実行結果

```
scores [100, 64, 48, 83]
合計：295
平均：73.75
```

問題3　**問題1で作ったリストの先頭を取り除いたリストを表示するプログラムを作って実行しましょう。**

ファイル名　script5-3.py

● 実行結果

```
削除前 [100, 64, 48, 83]
削除後 [64, 48, 83]
```

問題4　**生徒の名前をキーとして、テストの点数を値とする辞書studentsを作成して表示するプログラムを作って実行しましょう。**

ファイル名　script5-4.py

・キー-値の組み合わせ：
- 佐藤-100
- 丸山-64
- 三村-48
- 古川-83

● 実行結果

```
students {'佐藤':100, '丸山':64, '三村':48, '古川':83}
```

問題5 **問題4で作ったstudentsの値を、「math」「english」「japanese」という教科名をキー、テストの点数を値とする辞書にそれぞれ変更して表示するプログラムを作って実行しましょう。**

ファイル名　script5-5.py

キー-値の組み合わせ

- 佐藤-{'math':100, 'english':40, 'japanese':65}
- 丸山-{'math':64, 'english':98, 'japanese':79}
- 三村-{'math':48, 'english':87, 'japanese':92}
- 古川-{'math':83, 'english':81, 'japanese':74}

● 実行結果

```
students {'丸山':{'math':64, 'english':98, 'japanese':79},
'三村':{'math':48, 'english':87, 'japanese':92},
'佐藤':{'math':100, 'english':40, 'japanese':65},
'古川':{'math':83, 'english':81, 'japanese':74}}
```

問題6 **問題5で作った辞書から、入力された名前の生徒の情報を表示するプログラムを作って実行しましょう。**

ファイル名　script5-6.py

● 実行結果

（入力した名前の生徒がいる場合）

```
生徒の名前を入力してください->佐藤
{'math':100, 'english':40, 'japanese':65}
```

（入力した名前の生徒がいない場合）

```
生徒の名前を入力してください->山田
存在しません
```

CHAPTER

6

処理を繰り返してみよう

Chapter 5で学んだリストや辞書などのデータの集まりを使う場合によく出てくる、何度も同じ処理を繰り返す方法について学びましょう。

6-1 決まった回数繰り返そう

ここではforとrange()関数を使って、決まった回数繰り返す書き方について学んでいきましょう。

6-1-1 range()関数とは

forを使うと、指定した回数の分処理を繰り返すことができます。繰り返したい処理をforを使ってまとめた部分を、forブロックと言います。

forは、inと組み合わせてデータの集まりから要素を1つずつ変数に取り出しながら使います。

● 書式；forを使った繰り返しの書き方

```
for 変数 in データの集まり:
    繰り返したい処理
```

そのためforを使う場合は、繰り返したい回数分のデータの集まりを作る必要があります。指定の回数分のデータの集まりを作るための関数が、**range()関数**です。

range()関数では、数列という数値を要素とするリストに似たものを作成することができます。

6-1-2 range()関数の使い方

range()関数の()内には、以下の3種類の指定方法があります。

- 終了値
- 開始値と終了値
- 開始値と終了値と増減値

終了値を指定

range()関数は、()内に入力された数値によって数列を作成します。

● 書式：range()関数の使い方（その1）

```
range(終了値)
```

Atomなどのエディタで**リスト6-1**を記述し、C:¥zero-python¥c06フォルダにkurikaeshi01.pyという名前で保存してください。実行結果は**図6-1**のとおりです。

range()関数で作った数列の中身を確認してみましょう。作成した内容はそのままでは見ることができないので、list()関数を使って一度リストに変換する必要があります。

▼ リスト6-1　終了値を指定したrange()関数の使用例（kurikaeshi01.py）

```
01: r = range(5)
02: print(list(r))
```

```
c:¥zero-python¥c06>python kurikaeshi01.py
[0, 1, 2, 3, 4]
```

● 図6-1　リスト6-1の実行結果

リスト6-1の1行目では終了値のみを指定していますが、この場合は0が開始値となります。そこから1ずつ増やしていき、5になる直前まで、つまり4までを要素としたリストが作成されています。

開始値・終了値を指定

また、range()関数では()内に2つの値を入れ、1つ目の値を開始値、2つ目の値を終了値として設定できます。

● 書式：range()関数の使い方（その2）

```
range(開始値, 終了値)
```

開始値と終了値を指定した**リスト6-2**を記述します。実行結果は**図6-2**のとおりです。

▼リスト6-2 開始値も指定したrange()関数の使用例(kurikaeshi02.py)

```
01: r = range(3, 5)
02: print(list(r))
```

```
c:¥zero-python¥c06>python kurikaeshi02.py
[3, 4]
```

●図6-2 リスト6-2の実行結果

リスト6-2の1行目では「3」を開始値、「5」を終了値としています。3から1ずつ増やしていき、5になる直前まで4までを要素としたリストが作成されています。

●開始値・終了値・増減値を指定

これまで紹介したrange()関数は1ずつ増えていましたが、range()関数の()内に3つの値を入れると、増減する量を変更できます。

●書式:range()関数の使い方(その3)

```
range(開始値, 終了値, 増減値)
```

開始値・終了値・増減値を指定した**リスト6-3**を記述します。実行結果は**図6-3**のとおりです。

▼リスト6-3 増減値も指定したrange()関数の使用例(kurikaeshi03.py)

```
01: r = range(1, 5, 2)
02: print(list(r))
```

```
c:¥zero-python¥c06>python kurikaeshi03.py
[1, 3]
```

●図6-3 リスト6-3の実行結果

リスト6-3の1行目では開始値を1、終了値を5、増減値を2としています。1から2ずつ増えていくため、3となります。さらに2増えると5になりますが、要素となるのは終了値5の直前までです。よって、1、3がリストの要素として出力されています。

また、増減値としてマイナス値を入れると、中に入れる要素を指定した数分減らしながら入れた値を作ることができます(**リスト6-4**、**図6-4**)

▼ リスト6-4　増減値をマイナス値としたrange()関数の使用例（kurikaeshi04.py）

```
01: r = range(10, 4, -2)
02: print(list(r))
```

```
c:¥zero-python¥c06>python kurikaeshi04.py
[10, 8, 6]
```

● 図6-4　リスト6-4の実行結果

リスト6-4の1行目では開始値を10、終了値を4、増減値を-2としています。10から2ずつ減っていくため、8となります。さらに6……と続きますが、要素となるのは終了値4の直前までです。よって、10、8、6がリストの要素として出力されています。

6-1-3 決まった回数を繰り返す処理

6-1-2で解説したrange()関数をforと組み合わせることで、決まった回数を繰り返す処理が可能になります。

● 書式：forとrange()関数を組み合わせた書き方

```
for 変数 in range(繰り返したい回数):
    繰り返したい処理
```

● forを使って決まった回数繰り返す

forを使って決まった回数繰り返す例として**リスト6-5**を記述します。実行結果は**図6-5**のとおりです。

▼ リスト6-5　決まった回数繰り返すforの使用例（kurikaeshi05.py）

```
01: for i in range(3):
02:     print('表示します')
03:     print(i)
```

```
c:¥zero-python¥c06>python kurikaeshi05.py
表示します
0
表示します
1
表示します
2
```

● 図6-5　リスト6-5の実行結果

リスト6-5の1行目のrange()関数では、3が指定されています。これによって2行目の「表示します」と3行目の「i」の値の表示を3回繰り返します。iには0を開始値として1ずつ増えていき、3の直前、つまり0、1、2が値として入ります。

ifで使った演算子のinは、データの集まりの要素に値が含まれるかどうかをチェックするために使います。ですが、forで使うinはデータの集まりから1つずつ要素を取り出して変数に代入するために使います(図6-6)。同じinでも使い方が違うので注意しましょう。

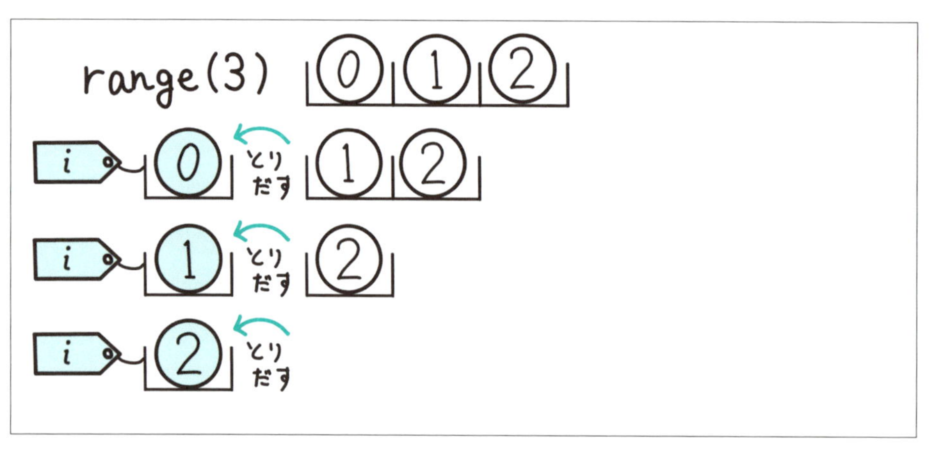

● 図6-6　forで数列から数値を取り出す

● 変数の値を設定

またrange()関数の()内に入れる値を変えることによって、変数への設定値を変えることができます(リスト6-6、図6-7)。

▼ リスト6-6　開始値10、終了値3で3ずつ減る数を表示する(kurikaeshi06.py)

```
01: for i in range(10, 3, -3):
02:     print('表示します')
03:     print(i)
```

```
c:¥zero-python¥c06>python kurikaeshi06.py
表示します
10
表示します
7
表示します
4
```

● 図6-7　リスト6-6の実行結果

リスト6-6の1行目では、開始値10、終了値3、増減値-3としています。リスト要素は10、7、4の3つとなるため、「表示します」が3回とそれらの数が出力されています。

6-1-4 データの集まりの要素の数分繰り返す

forのもう1つの使い方が、データの集まりからデータを取り出しながら使う方法です。

range()関数によるインデックスの作成

range()関数を使って、要素の数の分のインデックスを作る方法があります。

● 書式：インデックスを指定してリストの要素を取り出す

```
for 変数 in range(len(リスト)):
    リスト[変数]
```

インデックスからリストの要素を取り出す例として**リスト6-7**を記述します。実行結果は**図6-8**のとおりです。

▼ リスト6-7　インデックスからリストの要素を取り出す例（kurikaeshi07.py）

```
01: lst = [10, 3.14, 'abc']
02: for i in range(len(lst)):
03:     print(lst[i])
```

```
c:¥zero-python¥c06>python kurikaeshi07.py
10
3.14
abc
```

● 図6-8　リスト6-7の実行結果

データの集まりから直接要素を取り出す

forは、データの集まりからなくなるまで要素を1つずつ取り出す、ということができます。そのため、range()関数を使ってインデックスを作らなくとも直接要素を取り出すことができます。

● 書式：データの集まりから要素を取り出す方法

```
for 変数 in データの集まり:
    繰り返したい処理
```

データの集まりから要素を取り出す例として**リスト6-8**を記述します。実行結果は**図6-9**のとおりです。

▼ リスト6-8　リストから要素を取り出す例 (kurikaeshi08.py)

```
01: lst = [10, 3.14, 'abc']
02: for v in lst:
03:     print(v)
```

```
c:¥zero-python¥c06>python kurikaeshi08.py
10
3.14
abc
```

● 図6-9　リスト6-8の実行結果

この方法を使うと、セット(注1)のようにインデックス番号などで要素を取り出すことができないデータの集まりからもデータを取り出すことができます(リスト6-9、図6-10)。

▼ リスト6-9　セットから要素を取り出す例 (kurikaeshi09.py)

```
01: st = {10, 3.14, 'abc'}
02: for v in st:
03:     print(v)
```

```
c:¥zero-python¥c06>python kurikaeshi09.py
3.14
10
abc
```

● 図6-10　リスト6-9の実行結果

6-1-5 辞書の中身すべてを取り出す

辞書の場合は、リストやセットのように単純に取得しようとしても、キーだけしか取り出すことができません(リスト6-10、図6-11)。

▼ リスト6-10　辞書からキーを取り出す例 (kurikaeshi10.py)

```
01: dct = {101: 'abc', 102: 'xyz', 103: [10, 30, 20]}
02: for k in dct:
03:     print(k)
```

```
c:¥zero-python¥c06>python kurikaeshi10.py
101
102
103
```

● 図6-11　リスト6-10の実行結果

(注1)　セットについては、5-4-1を参照してください。

キーと値を取り出したい場合は、まずはキーから値を取得する方法があります（リスト6-11、図6-12）。

▼リスト6-11　辞書からキーを取り出し、値を表示する例（kurikaeshi11.py）

```
01: dct = {101: 'abc', 102: 'xyz', 103: [10, 30, 20]}
02: for k in dct:
03:     print(k, dct[k])
```

```
c:¥zero-python¥c06>python kurikaeshi11.py
101 abc
102 xyz
103 [10, 30, 20]
```

●図6-12　リスト6-11の実行結果

また、itemsメソッドを使って組み合わせのタプルを取り出す方法もあります（リスト6-12、図6-13）。

▼リスト6-12　itemsメソッドで辞書から要素を取り出す例（kurikaeshi12.py）

```
01: dct = {101: 'abc', 102: 'xyz', 103: [10, 30, 20]}
02: for kv in dct.items():
03:     print(kv)
```

```
c:¥zero-python¥c06>python kurikaeshi12.py
(101, 'abc')
(102, 'xyz')
(103, [10, 30, 20])
```

●図6-13　リスト6-12の実行結果

itemsメソッドを使う場合は、結果が必ずキーと値の2つが入ったタプルになるため、inの前に2つの変数を並べて取得できます（リスト6-13、図6-14）。

▼リスト6-13　itemsメソッドで辞書から要素を取り出す例（kurikaeshi13.py）

```
01: dct = {101: 'abc', 102: 'xyz', 103: [10, 30, 20]}
02: for k, v in dct.items():
03:     print(k, v)
```

```
c:¥zero-python¥c06>python kurikaeshi13.py
101 abc
102 xyz
103 [10, 30, 20]
```

●図6-14　リスト6-13の実行結果

6-2 終わりになるまで繰り返そう

ファイルの最後の行まで繰り返すなど、条件を指定して繰り返す場合は「while」を使います。

6-2-1 繰り返す条件を指定する（while）

whileを使うときは、「○○の間繰り返す」という条件を使い、forよりも柔軟な条件で繰り返しの処理を行うことができます。

● 書式：whileの書き方

```
while 繰り返し条件:
  繰り返したい処理
```

繰り返す条件を指定する例として**リスト6-14**を記述します。実行結果は**図6-15**のとおりです。

▼ リスト6-14　whileの例（kurikaeshi14.py）

```
01: lst = [3, 6, 7, 8]
02: i = 0
03: while lst[i] != 7:
04:     print('要素が7になるまで繰り返す')
05:     print(lst[i])
06:     i += 1
```

```
c:¥zero-python¥c06>python kurikaeshi14.py
要素が7になるまで繰り返す
3
要素が7になるまで繰り返す
6
```

● 図6-15　リスト6-14の実行結果

リスト6-14では、要素が7になった瞬間にwhileの条件に当てはまらなくなるため、whileが終了して表示されなくなります。

6-2-2 無限ループ

whileを使う場合の注意として、正しい条件を使用しないと繰り返し処理が止まらなくなってしまうことがあります。これを**無限ループ**と言います（リスト6-15、図6-16）。

▼リスト6-15　無限ループの例（kurikaeshi15.py）

```
01: i = 5
02: while i < 10:
03:     print(i)
04: i += 1
```

```
c:¥zero-python¥c06>python kurikaeshi15.py
5
5
5
5
(略)
```

● 図6-16　リスト6-15の実行結果

実行すると「5」がずっと表示されますが、Ctrl + C を押すと、無限ループを止めることができます（図6-17）。

```
5 ──── ずっと5が表示されている
5
5
5
Traceback (most recent call last):──── Ctrl+Cで無限ループを止める
  File "kurikaeshi15.py", line 3, in <module>
    print(i)
KeyboardInterrupt

c:¥zero-python¥c06>
```

● 図6-17　無限ループを止める

リスト6-15では、iを増やすという処理がwhileのインデントの外に書いてあるため、いつまでもiの値が増えずに処理が止まらなくなってしまいます。

● 無限ループを作る

また、whileは条件の結果がTrueである間ずっと繰り返されるため、自分であえて無限ループを作ることも可能です（リスト6-16、図6-18）。

▼ リスト6-16　無限ループの例 (kurikaeshi16.py)

```
01: while True:
02:     print('無限ループ')
```

```
c:¥zero-python¥c06>python kurikaeshi16.py

無限ループ
無限ループ
無限ループ
無限ループ
(略)
Traceback (most recent call last):──── Ctrl+Cで無限ループを止める
  File "C:¥zero-python¥c06¥kurikaeshi16.py", line 2, in <module>
    print('無限ループ')
KeyboardInterrupt
```

● 図6-18　リスト6-16の実行結果

● 途中で中断する

whileでもforでも、途中で繰り返しを中断するためにはbreakを使うと中断することができます(リスト6-17、図6-19)。

▼ リスト6-17　breakを使った中断 (kurikaeshi17.py)

```
01: i = 0
02: x = 3
03: while True:
04:     if i == x:
05:         print('中断します')
06:         break
07:     i += 1
08:     print(i, x)
09: print('終了')
```

```
c:¥zero-python¥c06>python kurikaeshi17.py
1 3
2 3
3 3
中断します
終了
```

● 図6-19　リスト6-17の実行結果

breakを行うと、breakが記入されている繰り返しの処理が終了します。

繰り返しを1つ飛ばす

breakの場合は繰り返しの処理が完全に止まってしまいますが、continueを使うと以降の処理を行わず、繰り返しの先頭に戻ることができます（リスト6-18、図6-20）。

▼ リスト6-18　continueを使った処理飛ばし（kurikaeshi18.py）

```
01: i = 0
02: x = 3
03: while i < 5:
04:     if i == x:
05:         i += 1
06:         print('先頭に戻ります')
07:         continue
08:     print(i, x)
09:     i += 1
```

先頭に戻る

```
c:¥zero-python¥c06>python kurikaeshi18.py
0 3
1 3
2 3
先頭に戻ります
4 3
```

● 図6-20　リスト6-18の実行結果

問題1　Chapter 5の問題2（script5-2.py）を、forを使って書き直したプログラムを作って実行しましょう。

ファイル名　script6-1.py

● 実行結果

```
scores [100, 64, 48, 83]
合計：295
平均：73.75
```

問題2　Chapter 5の問題5（script5-5.py）と同じ辞書のデータを、forを使ってキーと値の組み合わせを1行ずつ表示するプログラムを作って実行しましょう。

ファイル名　script6-2.py

● 実行結果

```
古川 {'math':83, 'english':81, 'japanese':74}
丸山 {'math':64, 'english':98, 'japanese':79}
三村 {'math':48, 'english':87, 'japanese':92}
佐藤 {'math':100, 'english':40, 'japanese':65}
```

問題3　問題2のデータを使って、入力された名前の生徒の情報を表示するプログラムを作って実行しましょう。
存在しない生徒名を入れた時は生徒名を再度入力、存在する生徒名の場合は情報を表示して繰り返しを中断しましょう。

ファイル名　script6-3.py

● 実行結果

```
生徒名を入力してください->田中
存在しません
生徒名を入力してください->山本
存在しません
生徒名を入力してください->三村
{'math':48, 'english':87, 'japanese':92}
```

CHAPTER

7

関数を自分で作ってみよう

これまでは、Pythonの組み込み関数として用意されていたprint()関数やinput()関数などを使用しましたが、自分でも関数を作ることができます。

7-1 関数の作り方と使い方を学ぼう

ここでは自分がよく使う処理を関数としてまとめて、それを使う方法について学びましょう。

7-1-1 関数の作成

print()関数やint()関数など、ここまでは**組み込み関数**と呼ばれる、Pythonであらかじめ用意されている関数を利用していました。関数とは、もらったデータをもとに、一定の処理を行って結果を返す仕組みのことを言います。

たとえば、input()関数では()の中に入れたデータを表示し、入力された値を変数に代入していました。

● **書式：input()関数の使い方**

```
変数 = input(表示したいデータ)
```

関数を使うときに必要な、()の中に入れるデータのことを**引数**、実行結果として変数に代入されるデータのことを**戻り値**と言います。

関数は、**def**というキーワードを使って作成します。

● **書式：関数の作り方**

```
def 関数名(引数):
    関数として行う処理
    return 戻り値
```

関数を作る際は、関数を使うときの引数や戻り値を考えながら作る必要があります。defを使って関数を作るときは()の中に引数の名前、結果として返したい値はreturnの後ろに書きます（図7-1）。

それでは、さまざまな関数の作り方や使い方を試してみましょう。

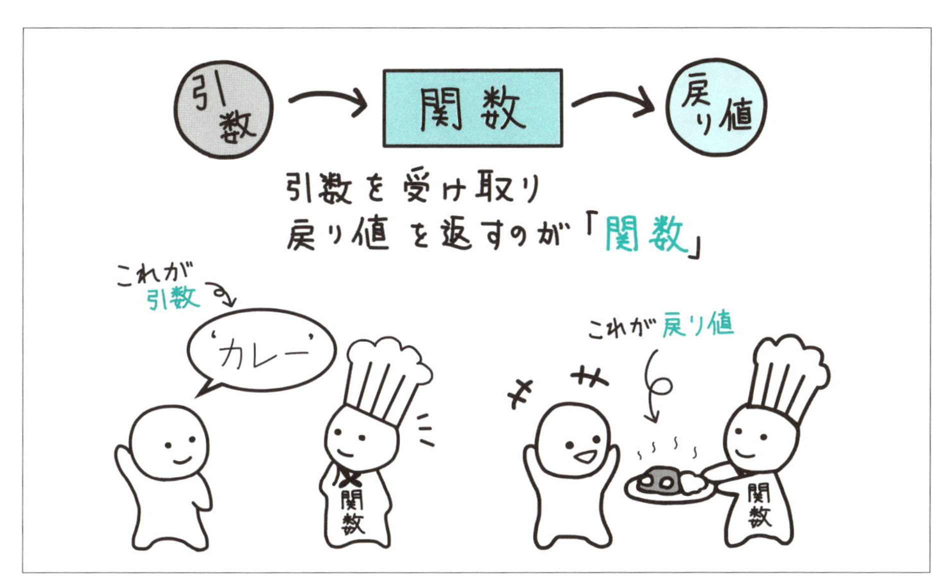

● 図7-1　引数と関数と戻り値

7-1-2 関数の中ですべての処理を行う

関数を使うときにデータを受け取らず、処理の結果も返さない関数を**「引数なし、戻り値なし」の関数**と言います。この場合は関数の中ですべての処理を行います。

● 書式：関数の作り方（引数なし、戻り値なし）

```
def 関数名():
    関数として行う処理
```

「料理をする」という関数を作ってみましょう。

Atomなどのエディタで**リスト7-1**を記述し、エンコードが「UTF-8」になっていることを確認したあと、**1-2-3**で作成したc:¥zero-python¥c07フォルダにkansu01.pyという名前で保存してください。

▼ リスト7-1　引数なし、戻り値なしの関数の例（kansu01.py、一部）

```
01: def cook():
02:     print('料理をはじめます')
03:     print('カレーを作りました')
```

これが簡単な関数の例です。引数なし、戻り値なしの関数ですので、毎回同じ処理しか行えません。

7-1-3 関数の利用

リスト7-1で関数を作りましたが、これだけでは何もできません。作った関数を呼び出して利用する必要があります。これを**関数の呼び出し**と言います。

● 書式；関数の呼び出し方（引数なし、戻り値なし）

```
関数名()
```

● 関数を呼び出す

関数を呼び出すには、関数を作った同じプログラム内（リスト7-1）に、関数の呼び出しを追加します（**リスト7-2**）。Pythonでは、書く順番が重要ですので、必ずcook()関数のあとは、インデントを元に戻してから書いてください。

▼ リスト7-2 cook()関数呼び出しの追加例（kansu01.py）

```
01: def cook():
02:     print('料理をはじめます')
03:     print('カレーを作りました')
04:
05:
06: cook()  ——— この行を追加する
```

実行結果は**図7-2**のとおりです。

```
c:¥zero-python¥c07>python kansu01.py
料理をはじめます
カレーを作りました
```

● 図7-2 リスト7-2の実行結果

● 関数を複数回呼び出す

また関数は同じプログラム内で何回でも呼び出すことができます（**リスト7-3、図7-3**）。

▼ リスト7-3 関数を複数回呼び出す例（kansu02.py）

```
01: def cook():
02:     print('料理をはじめます')
03:     print('カレーを作りました')
04:
05:
06: cook()
07: cook()
```

```
c:¥zero-python¥c07>python kansu02.py
料理をはじめます
カレーを作りました
料理をはじめます
カレーを作りました
```

● 図7-3　リスト7-3の実行結果

リスト7-3の6行目と7行目で関数を2回呼び出しているため、図7-3でも関数が2回実行されています。

● 関数を繰り返し呼び出す

6-1-2で解説したforを使って、関数を繰り返し呼び出すこともできます（**リスト7-4**、**図7-4**）。

▼ リスト7-4　関数を繰り返し呼び出す例（kansu03.py）

```
01: def cook():
02:     print('料理をはじめます')
03:     print('カレーを作りました')
04: 
05: 
06: for i in range(3):
07:     cook()
```

```
c:¥zero-python¥c07>python kansu03.py
料理をはじめます
カレーを作りました
料理をはじめます
カレーを作りました
料理をはじめます
カレーを作りました
```

● 図7-4　リスト7-4の実行結果

このように、毎回同じ処理を行う場合は、引数なし、戻り値なしの関数を利用します。

7-2 関数にデータを渡そう（引数）

7-1-3で解説した毎回同じ処理を行う関数ではなく、受け渡されたデータによって関数で行う処理内容を変えることができます。

7-2-1 引数とは

関数を使う側が指定するデータを()の中に入れて受け渡すことができます。これをプログラミングの世界では**引数**（ひきすう）と言います。

引数は「,」で区切って複数渡すことができます。

● 書式：関数の作り方（引数あり、戻り値なし）

```
def 関数名(引数1, 引数2, 引数3……):
    引数の内容によって変わる処理
```

引数を使うことによって、処理の内容や結果を変えることができます。これからプログラムを実行して確認していきましょう。

7-2-2 引数のある関数

● 引数ありの関数を呼び出す

7-1-3のcook()関数では、カレーしか作ることができませんでした。引数を指定して作って欲しい料理を変更できるようにしてみましょう。

まず、引数ありのcook()関数として**リスト7-5**を記述し、c:¥zero-python¥c07フォルダにkansu04.pyという名前で保存してください。

▼ リスト7-5 引数ありのcook()関数（kansu04.py、一部）

```
01: def cook(name):
02:     print('料理をはじめます')
03:     print(name + 'を作りました')
```

リスト7-5ではcook()関数を作っただけです。引数を使う関数は、引数の変数に入れる値を()の中に入れて呼び出します（**リスト7-6、図7-5**）。

▼ リスト7-6　引数ありの関数を呼び出す例（kansu04.py）

```
01: def cook(name):
02:     print('料理をはじめます')
03:     print(name + 'を作りました')
04:
05:
06: cook('ナポリタン')——— この行を追加する
```

```
c:¥zero-python¥c07>python kansu04.py
料理をはじめます
ナポリタンを作りました
```

● 図7-5　リスト7-6の実行結果

リスト7-6の6行目でcook()関数を呼び出す際、()も中に「ナポリタン」という文字列を引数として指定しています。この文字列にnameという変数名を付けて関数が実行されています。

● 引数の内容を変えて関数を呼び出す

引数の内容を変えることによって、実行結果（今回の例は表示内容）を変えることができます（図7-6）。

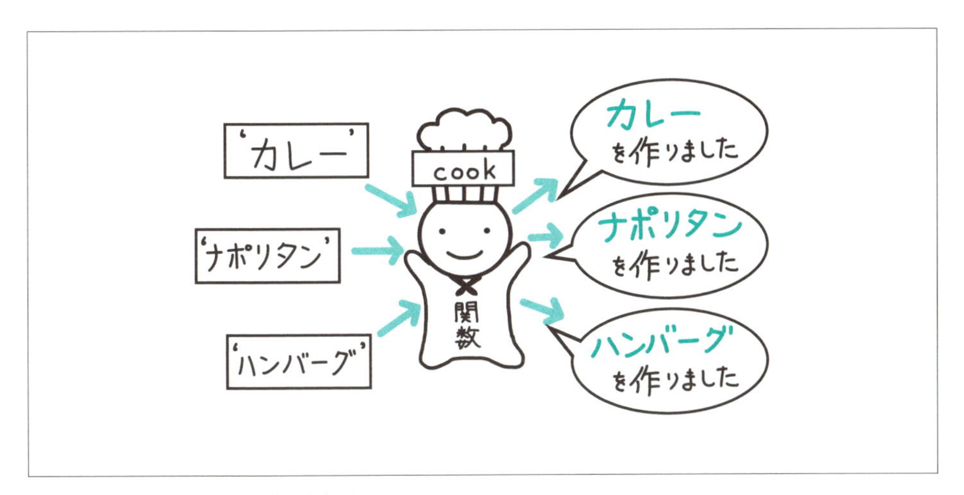

● 図7-6　引数によって実行結果を変える

引数の内容を変えて関数を呼び出す例として**リスト7-7**を記述してください。実行結果は**図7-7**のとおりです。

▼ リスト7-7 引数の内容を変えて関数を呼び出す例 (kansu05.py)

```
01: def cook(name):
02:     print('料理をはじめます')
03:     print(name + 'を作りました')
04:
05:
06: cook('カレー')
07: cook('ナポリタン')
08: cook('ハンバーグ')
```

```
c:¥zero-python¥c07>python kansu05.py
料理をはじめます
カレーを作りました
料理をはじめます
ナポリタンを作りました
料理をはじめます
ハンバーグを作りました
```

● 図7-7 リスト7-7の実行結果

リスト7-7では、6行目で「カレー」、7行目で「ナポリタン」、8行目で「ハンバーグ」を引数に指定しています。

図7-6を見ると、引数を変えることによって表示結果も変わっていることが確認できます。

● 引数を複数指定して関数を呼び出す

引数を複数指定しておくと、それぞれの引数に応じた処理を指定できます。たとえば、cook()関数を、料理名だけでなく作る料理の数も一緒に指定する関数として作ってみましょう(**リスト7-8**)。

▼ リスト7-8 引数が複数ある関数 (kansu06.py、一部)

```
01: def cook(name, count):
02:     print('料理をはじめます')
03:     print(str(count) + '人分の' + name + 'を作りました')
```

リスト7-8で作ったcook()関数の呼び出しを追加します。引数を使う関数は、引数の変数に入れる値を()の中に入れて呼び出します(**リスト7-9**)。実行結果は**図7-8**のとおりです。

▼ リスト7-9　引数が複数ある関数の呼び出し（kansu06.py）

```
01: def cook(name, count):
02:     print('料理をはじめます')
03:     print(str(count) + '人分の' + name + 'を作りました')
04:
05:
06: cook('カレー', 3) ――― この行を追加する
```

```
c:¥zero-python¥c07>python kansu06.py
料理をはじめます
3人分のカレーを作りました
```

● 図7-8　リスト7-9の実行結果

引数にある変数nameには料理名である「カレー」、変数countには人数である「3」が呼び出され、関数が実行されていることがわかります（図7-9）。

● 図7-9　複数の引数が入っている

● 引数に変数を指定して関数を呼び出す

引数には、リスト7-9までのように直接値を入れることもできますが、変数に値を代入し、引数として指定することもできます（リスト7-10、図7-9）。

▼ リスト7-10　変数を引数に指定する（kansu07.py）

```
01: def cook(name, count):
02:     print('料理をはじめます')
03:     print(str(count) + '人分の' + name + 'を作りました')
04:
05:
06: cary = 'カレー'
07: cnt = 3
08: cook(cary, cnt)
```

```
c:¥zero-python¥c07>python kansu07.py
料理をはじめます
3人分のカレーを作りました
```

● 図7-9 リスト7-10の実行結果

また、変数の名前と引数の名前が同じであっても問題はありません(リスト7-11、図7-10)。

▼リスト7-11 変数を引数に指定する(kansu08.py)

```
01: def cook(name, count):
02:     print('料理をはじめます')
03:     print(str(count) + '人分の' + name + 'を作りました')
04:
05:
06: name = 'カレー'
07: count = 3
08: cook(name, count)
```

```
c:¥zero-python¥c07>python kansu08.py
料理をはじめます
3人分のカレーを作りました
```

● 図7-10 リスト7-11の実行結果

7-2-3 引数の初期値

引数には、初期値(デフォルト値)を設定することが可能です。デフォルト値を設定することによって、引数が渡されない場合は、自動的にデフォルト値が利用されます。

また、デフォルト値がある引数と、ない引数を混ぜて使うこともできます。

● 書式:引数のデフォルト値

```
def 関数名(引数1=デフォルト値,引数2=デフォルト値……):
    引数の内容によって変わる処理
```

● 引数を指定せずデフォルト値を使う

引数にデフォルト値を指定した関数例がリスト7-12です。実行結果は図7-11のとおりです。

▼ リスト7-12　引数にデフォルト値を指定した関数例（kansu09.py）

```
01: def cook(name='カレー', count=1):
02:     print('料理をはじめます')
03:     print(str(count) + '人分の' + name + 'を作りました')
04:
05:
06: cook()
```

```
c:¥zero-python¥c07>python kansu09.py
料理をはじめます
1人分のカレーを作りました
```

● 図7-11　リスト7-12の実行結果

リスト7-12では、変数nameのデフォルト値として「カレー」、変数countのデフォルト値として「1」が設定されています。6行目のcook()関数では引数を指定していないため、デフォルト値が結果として表示されています。

● 引数を指定してデフォルト値を使わない

リスト7-13は、両方の引数を指定してデフォルト値を使わないパターンです。実行結果は図7-12のとおりです。

▼ リスト7-13　デフォルト値を利用せず、引数を指定した例（kansu10.py）

```
01: def cook(name='カレー', count=1):
02:     print('料理をはじめます')
03:     print(str(count) + '人分の' + name + 'を作りました')
04:
05:
06: cook('ナポリタン', 4)
```

```
c:¥zero-python¥c07>python kansu10.py
料理をはじめます
4人分のナポリタンを作りました
```

● 図7-12　リスト7-13の実行結果

● 引数の一部を指定して使う

引数が複数ありデフォルト値がそれぞれ設定されている場合は、一部の引数には関数を利用するときに指定し、それ以外はデフォルト値を使うこともできます。

リスト7-14は引数nameに「ハンバーグ」、引数countにはデフォルト値を使った例です。実行結果は図7-13のとおりです。

▼ リスト7-14　一部だけデフォルト値を利用した例（kansu11.py）

```
01: def cook(name='カレー', count=1):
02:     print('料理をはじめます')
03:     print(str(count) + '人分の' + name + 'を作りました')
04:
05:
06: cook('ハンバーグ')
```

```
c:¥zero-python¥c07>python kansu11.py
料理をはじめます
1人分のハンバーグを作りました
```

● 図7-13　リスト7-14の実行結果

デフォルト値を使うことで、引数がない場合でも処理を正しく行ったり、使うときに必ず入力してほしい引数とそうでない引数を切り分けることができます。

7-2-4 引数に名前を付ける

引数は変数と同様に、名前を指定して使うことができます。これを**キーワード付き引数**と言います。

● 書式：キーワード付き引数の使い方

関数名（引数名1=値1, 引数名2=値2……）

● キーワード付き引数を使う

リスト7-15はキーワード付き引数を使った例です。実行結果は図7-14のとおりです。

▼ リスト7-15　キーワード付き引数の実行例（kansu12.py）

```
01: def cook(name, count):
02:     print('料理をはじめます')
03:     print(str(count) + '人分の' + name + 'を作りました')
04:
05:
06: cook(name='カレー', count=3)
```

```
c:¥zero-python¥c07>python kansu12.py
料理をはじめます
3人分のカレーを作りました
```

● 図7-14　リスト7-15の実行結果

キーワード付き引数とキーワードなしの引数の混在

キーワード付き引数とキーワードなしの引数（無名引数）を混ぜて使うこともできます（リスト7-16、図7-15）。

▼リスト7-16　キーワード付き引数と無名引数の混在例（kansu13.py）

```
01: def cook(name, count):
02:     print('料理をはじめます')
03:     print(str(count) + '人分の' + name + 'を作りました')
04:
05:
06: cook('カレー', count=3)
```

```
c:¥zero-python¥c07>python kansu13.py
料理をはじめます
3人分のカレーを作りました
```

● 図7-15　リスト7-16の実行結果

リスト7-15とリスト7-16の違いは、6行目の引数の部分です。リスト7-16では片方がキーワードなしの引数ですが、実行結果は図7-14と図7-15のように同じになります。

COLUMN

混在時の注意点

キーワード付き引数とキーワードなしの引数の混在は可能と述べましたが、キーワード付き引数を1回でも使った場合は、その右側に続く引数はすべてキーワード付き引数にしないといけません（リスト7-A、図7-A）。

▼リスト7-A　キーワード付き引数の注意（kansu_a1.py）

```
01: def cook(name, count):
02:     print('料理をはじめます')
03:     print(str(count) + '人分の' + name + 'を作りました')
04:
05:
06: cook(name='カレー', 3)
```

```
c:¥zero-python¥c07>python kansu_a1.py
  File "kansu_a1.py", line 4
    cook(name='カレー', 3)
                       ^
SyntaxError: positional argument follows keyword argument
```

● 図7-A　リスト7-Aの実行結果

必要な引数だけを指定

引数にデフォルト値が設定されている場合は、必要な引数だけを指定することもできます（リスト7-17、図7-16）。

▼リスト7-17　デフォルト値を指定している関数（kansu14.py）

```
01: def cook(name='カレー', count=1):
02:     print('料理をはじめます')
03:     print(str(count) + '人分の' + name + 'を作りました')
04:
05:
06: cook(count=3)
```

```
c:¥zero-python¥c07>python kansu14.py
料理をはじめます
3人分のカレーを作りました
```

●図7-16　リスト7-17の実行結果

リスト7-17の1行目でデフォルト値として「name='カレー'」「count=1」を指定していますが、6行目で2番目の引数のみ「count=3」と指定しています。

図7-16を確認すると、変数nameはデフォルト値ですが、変数countは6行目で指定した値が適用されていることがわかります。

7-2-5　引数の順番を変更する

キーワード付き引数を使うと、引数の順番を変更することができます（リスト7-18、図7-17）。

▼リスト7-18　引数の順序を変更した例（kansu15.py）

```
01: def cook(name='カレー', count=1):
02:     print('料理をはじめます')
03:     print(str(count) + '人分の' + name + 'を作りました')
04:
05:
06: cook(count=3, name='カレー')
```

```
c:¥zero-python¥c07>python kansu15.py
料理をはじめます
3人分のカレーを作りました
```

●図7-17　リスト7-18の実行結果

リスト7-18の1行目では、name、countの順で引数が定義されています。一方、4行目ではその逆のcount、nameとなっていますが、図7-18のように問題なく実行されています。

3つ以上の引数がある関数

3つ以上の引数がある関数の場合、キーワード付き引数の部分のみ順序を変えることが可能です（リスト7-19、図7-18）。

▼ リスト7-19　3つ以上の引数がある関数（kansu16.py）

```
01: def cook(name='カレー', count=1, cold=False):
02:     temp = '熱々の'
03:     if cold:
04:         temp = '冷たい'
05: 
06:     print('料理をはじめます')
07:     print(str(count) + '人分の' + temp + name + 'を作りました')
08: 
09: 
10: cook('ハンバーグ', cold=False, count=2)
```

```
c:¥zero-python¥c07>python kansu16.py
料理をはじめます
2人分の熱々のハンバーグを作りました
```

● 図7-18　リスト7-19の実行結果

キーワードなしの引数であるnameに代入したい値「'ハンバーグ'」は順序を変えることができませんが、キーワード付きの引数coldとcountは順序通りになっていなくても、エラーにならずに実行できていることがわかります。

7-3 関数からデータをもらおう（戻り値）

今までは関数の中で処理が完結していて、関数を呼び出した側では結果に対して何も行っていませんでした。ですが、関数で処理を行った結果について呼び出した側が新しい処理を行うことができるようにしてみましょう。

7-3-1 戻り値とは

関数を実行した処理結果を呼び出した側に返す値を**戻り値**と言います。返り値と呼ぶこともあります。

戻り値は、**returnキーワード**で指定します。returnを書いたタイミングで関数が終了します。

先ほどのcook()関数で、「○人分の○を作りました」というメッセージを、関数の中で表示させるのではなく戻り値として返すように変更してみましょう（**リスト7-20**）。

● **書式：関数の作り方（再掲）**

```
def 関数名(引数):
関数として行う処理
return 戻り値
```

▼ **リスト7-20　戻り値ありの関数例（kansu17.py、一部）**

```
01: def cook(name='カレー', count=1):
02:     print('料理をはじめます')
03:     return str(count) + '人分の' + name + 'を作りました'
```

returnキーワードがあるとそこで関数の処理が終了しますので、たとえば、**リスト7-21**のようにreturnの後に処理を書いた場合は、4行目の「print('関数を終了します')」という処理は実行されません（**図7-19**）。

▼リスト7-21　returnを途中に書いた場合（kansu18.py）

```
01: def cook(name='カレー', count=1):
02:     print('料理をはじめます')
03:     return str(count) + '人分の' + name + 'を作りました'
04:     print('関数を終了します')
05:
06:
07: msg = cook('カレー', 3)
08: print(msg)
```

```
c:¥zero-python¥c07>python kansu18.py
料理をはじめます
3人分のカレーを作りました
```

●図7-19　リスト7-21の実行結果

7-3-2 戻り値の利用

戻り値がある関数を呼び出した側は、戻り値を利用するために戻り値を受け取る必要があります。

●書式：戻り値ありの関数の呼び出し方

戻り値を受け取る変数 = 関数(引数1, 引数2……)

先ほどの戻り値があるcook()関数を使って、戻り値を受け取ってみましょう（**リスト7-22**）。

▼リスト7-22　戻り値ありの関数呼び出しの例（kansu18.py、一部）

```
07: msg = cook('カレー', 3)
```

まだ受け取った戻り値に対して何もしていないので、cook()関数の中で処理をした「料理をはじめます」の表示しか出ていないのがわかります。それでは、受け取った戻り値を使って表示をしてみましょう（**リスト7-23**、**図7-20**）。

▼ リスト7-23 受け取った戻り値を使う例（kansu19.py）

```
01: def cook(name='カレー', count=1):
02:     print('料理をはじめます')
03:     return str(count) + '人分の' + name + 'を作りました'
04:
05:
06:
07: msg = cook('カレー', 3)
08: print('受け取ったメッセージを表示します')
09: print(msg)
```

```
c:¥zero-python¥c07>python kansu19.py
料理をはじめます
受け取ったメッセージを表示します
3人分のカレーを作りました
```

● 図7-20 リスト7-23の実行結果

戻り値を使うことで、関数が終わった後に呼び出した側で処理を追加したり、戻り値を使った処理を改めて実行したりすることができるようになります。

また、戻り値をそのまま関数の引数として渡すこともできるので、たとえばprint()関数の引数としてcook()関数の戻り値を渡して表示させることもできます（**リスト7-24**、**図7-21**）。

▼ リスト7-24 戻り値を使った表示（kansu20.py）

```
01: def cook(name='カレー', count=1):
02:     print('料理をはじめます')
03:     return str(count) + '人分の' + name + 'を作りました'
04:
05:
06:
07: print(cook('カレー', 3))
```

```
c:¥zero-python¥c07>python kansu20.py
料理をはじめます
3人分のカレーを作りました
```

● 図7-21 リスト7-24の実行結果

練習問題

問題1　3つ引数を受け取って、合計値と平均値を表示する関数を作り、呼び出すプログラムを作って実行しましょう。

ファイル名　script7-1.py
関数名　print_score()

- 引数
  - x……整数1
  - y……整数2
  - z……整数3

● 実行結果

```
整数1を入力してください->4
整数2を入力してください->3
整数3を入力してください->5
合計値： 12
平均値： 4.0
```

問題2　3つ引数を受け取って、合計値を戻り値として返す関数と平均値を戻り値として返す関数を2つ作って、戻り値を使って結果を表示するようなプログラムを作って実行しましょう。

ファイル名　script7-2.py
関数名

- 合計値を計算する……get_total()
  - 引数
    - x……整数1
    - y……整数2
    - z……整数3
  - * 戻り値　xとyとzの合計
- 平均値を計算する……get_average()
  - 引数
    - x……整数1
    - y……整数2
    - z……整数3
  - 戻り値　xとyとzの平均

● 実行結果

```
整数1を入力してください->4
整数2を入力してください->3
整数3を入力してください->5
合計値： 12
平均値： 4.0
```

問題3 **Chapter 5の問題5（script5-5.py）と同じ辞書のデータから、引数で受け取った生徒名の要素の値を戻り値として返す関数を作成しましょう。また、問題2で作った2つの関数を使って、mathとenglish、japaneseの合計点と平均点を表示するプログラムを作って実行しましょう。**

ファイル名　script7-3.py
関数名
・合計値を計算する……get_total()（問題2と同じもの）
・平均値を計算する……get_average()（問題2と同じもの）
・辞書のデータから生徒の値を取り出す……get_student()
　* 引数：
　　* name……生徒名
　* 戻り値：
　　* nameで指定した生徒の値
　　* nameの生徒が存在しない場合は、
　　　{'math':0, 'english':0, 'japanese':0}

● 実行結果

（生徒が存在しない場合）

```
生徒名を入力してください->田中
合計点： 0
平均点： 0
```

（生徒が存在する場合）

```
生徒名を入力してください->古川
合計点：238
平均点：79.33333
```

CHAPTER

8

オブジェクトとクラスについて学ぼう

Pythonにはさまざまなデータ型がありますが、自分で新しいデータ型を作ることができます。オブジェクト指向という考え方に基づいて、新しいデータ型であるクラスやそのオブジェクトを使ったプログラミングについて学びましょう。

8-1 オブジェクト指向について学ぼう

Pythonは、オブジェクト指向と呼ばれる考え方を用いてプログラミングをすることができる言語です。今まで操作の手順に基づいてプログラムを書いてきましたが、操作される対象（オブジェクト）を基準とした考え方を使うことで、修正しやすい、さまざまなパターンに対応しやすい、汎用的なプログラムを作る方法を学びましょう。

8-1-1 クラスとは

オブジェクト指向とは、クラスと呼ばれる設計図を基に新しいデータ型を作り、そのクラスが実体化したものに対して操作を行ったり、データを格納するというプログラミングの考え方です。

車の設計図をイメージしてください。設計図だけでは車は動きませんが、その設計図を使って作った車は、道路を走ることもできるし、クラクションを鳴らすこともできます。これから作るデータ型がどんな値を持っているのか、どんな操作ができるのかなどを定義したものが**クラス**です。

8-1-2 インスタンスとは

クラスは設計図ですので、設計図だけでは何もすることができません。クラスを基に実体化したものがないと、プログラムを動かすことができないのです。この実体化したものを**インスタンス**と言います（図8-1）。

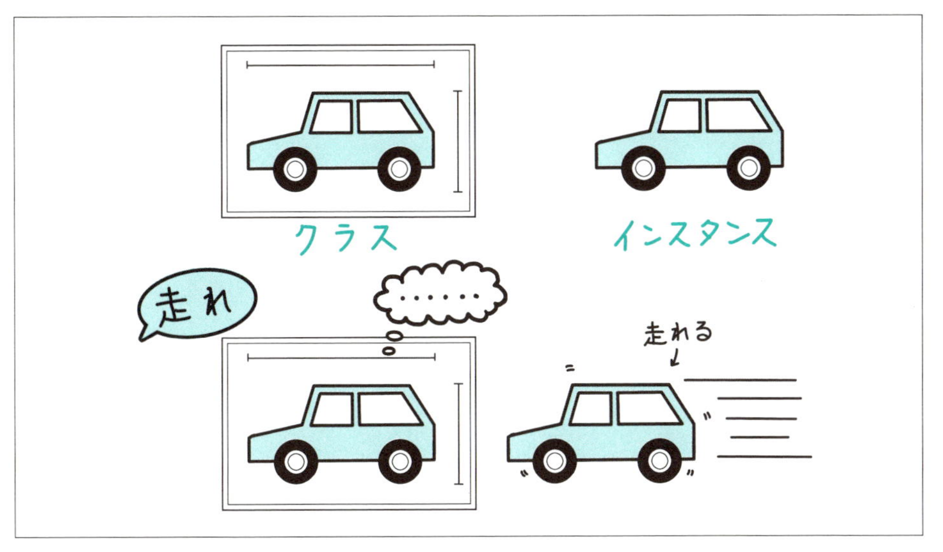

● 図8-1　クラスとインスタンス

クラスを基にインスタンスを作ることを、**インスタンスの生成**と言います。

Pythonでは、操作される対象すべてを**オブジェクト**と言います。その中で、データ型を定義したものをクラス、クラスから作成された実体をインスタンスと呼んでいます。

オブジェクト指向では、操作される対象（クラスやインスタンス）であるオブジェクトを使って、インスタンスを生成したり、インスタンスにデータの出し入れを行ったり、インスタンスの操作を呼び出したりといった、作業の組み合わせでプログラムを作っていくのです。

8-1-3 インスタンス変数とメソッド

クラスには、必要な情報がいくつかあります。それは実体化したインスタンスに格納するデータと、インスタンスが実行できる操作です。それぞれ、インスタンスに格納するデータを**インスタンス変数**、インスタンスが実行できる操作のことを**メソッド**と言います。**Chapter 5**では、データ型専用の関数と呼んでいましたね。

8-2 クラスを作ろう

インスタンス変数とメソッドの組み合わせで、新しいデータ型としてのクラスを作っていきます。クラスを作ることで、自由なデータの組み合わせで複雑なプログラムを作ることができるようになります。

8-2-1 クラスの作成

まずは、クラスの作成方法を学びましょう。**classキーワード**を使うことでクラスが作成できます。

● 書式：クラスの作り方

```
class クラス名:
    クラスに設定したい値やメソッドなど
```

たとえば、生徒の名前とテストの点数を表す「Student」というクラスを作ってみましょう（リスト8-1）。

▼ リスト8-1　Studentクラス（サンプルなし）

```
01: class Student:
02:     pass
```

これでStudentクラスの完成です。Studentクラスは、まだインスタンス変数もメソッドもありません。

今まで学んできたとおり、「:（コロン）」の次の行は必ずインデントを行わなくてはいけません。ですが、内容をまだ書きたくない、または書く必要がない場面が今後出てくるはずです。そのときは**passキーワード**を使うことで、インデントは行うが処理を行わない、という書き方ができます。

8-2-2 初期化用メソッド（__init__メソッド）の作成

インスタンス変数の設定は、Pythonの場合は初期化用の特別なメソッドを使って設定します。メソッドは、クラスの中でdefキーワードを使って関数のように定義していきます。

インスタンスを作った後は、この__init__メソッドが実行され、初期化を行います。初期化と同時にインスタンス変数が作られ、初期値を設定します。

● 書式：__init__メソッドの作り方

```
class クラス名:
    def __init__(self, 初期化用引数……):
        self.インスタンス変数 = 初期値
```

上記の書式にあるselfは、インスタンス自身を表す引数です。「self」の名前を変えたり、省略したり、順番を変えることはできません。インスタンス変数の値を利用したメソッドでは、必ずこの引数を付ける必要があります。

● インスタンス変数の追加

リスト8-1のStudentクラスに、名前（name）、数学の点数（math）、英語の点数（english）、国語の点数（japanese）のインスタンス変数を追加してみましょう（**リスト8-2**）。初期値にはそれぞれ空文字列（''）と0を指定しています。

▼ リスト8-2　インスタンス変数の指定例（その1、class01.py、一部）

```
01: class Student:
02:     def __init__(self):
03:         self.name = ''
04:         self.math = 0
05:         self.english = 0
06:         self.japanese = 0
```

● 初期値にNoneを指定

初期値には、特別なデータとしてNoneを指定可能です（**リスト8-3**）。Noneとは、何も存在しないという意味の特別なデータ型です。Noneを指定した場合、初期値のデータはメモリ上に作られず、「まだ何も作っていない」という情報だけが設定されます。

▼ リスト8-3 インスタンス変数の指定例（その2、サンプルなし）

```
01: class Student:
02:     def __init__(self):
03:         self.name = None
04:         self.math  = None
05:         self.english = None
06:         self.japanese = None
```

初期値を引数で受け取る

初期値を引数で受け取って、その受け取った内容を設定することもできます（リスト8-4）。

▼ リスト8-4 インスタンス変数の初期値設定（サンプルなし）

```
01: class Student:
02:     def __init__(self, in_name, in_math, in_eng, in_jpn):
03:         self.name = in_name
04:         self.math  = in_math
05:         self.english = in_eng
06:         self.japanese = in_jpn
```

関数と同じように、引数には初期値を設定することもできます（リスト8-5）。

▼ リスト8-5 __init__メソッドのデフォルト値例（サンプルなし）

```
07: class Student:
08:     def __init__(self, in_name='', in_math=0, in_eng=0, in_jpn=0):
09:         self.name = in_name
10:         self.math  = in_math
11:         self.english = in_eng
12:         self.japanese = in_jpn
```

8-2-3 インスタンスの生成

ここまでで、クラスの定義とインスタンス変数の初期化について学びました。実際にインスタンスを作ってみましょう。

● 書式：インスタンスの生成方法

```
インスタンスを代入する変数 = クラス名(初期化用引数)
```

インスタンスを作る側では、初期化用引数にselfは必要ありません。また、self以外の初期化用引数がない場合も、必ず()を付けるのを忘れないようにしましょう。

インスタンスの生成

リスト8-6を記述し、c:¥zero-python¥c08フォルダにclass01.pyという名前で保存してください。実行結果は図8-2のとおりです。

▼リスト8-6　インスタンスの生成例（class01.py）

```
01: class Student:
02:     def __init__(self):
03:         self.name  = ''
04:         self.math  = 0
05:         self.english = 0
06:         self.japanese = 0
07:
08:
09: stu1 = Student()
10: print(type(stu1))
```

```
c:¥zero-python¥c08>python class01.py
<class '__main__.Student'>
```

図8-2　リスト8-6の実行結果

クラスもデータ型の一種であるため、type()関数でデータ型を確認できます。図8-2から、生成したstu1インスタンスがStudent型であることがわかります。

初期値を引数で指定

初期値を引数で指定する場合は、インスタンスを生成するときの引数にそれぞれ初期値を指定します（リスト8-7、図8-3）。

▼リスト8-7　インスタンス生成と初期化を同時に行う例（class02.py）

```
01: class Student:
02:     def __init__(self, in_name='', in_math=0, in_eng=0, in_jpn=0):
03:         self.name  = in_name
04:         self.math  = in_math
05:         self.english = in_eng
06:         self.japanese = in_jpn
07:
08:
09: stu1 = Student('佐藤', 90, 60, 70)
10: print(type(stu1))
```

```
c:¥zero-python¥c08>python class02.py
<class '__main__.Student'>
```

図8-3　リスト8-7の実行結果

8-2-4 インスタンス変数の利用

インスタンス変数は、「インスタンス.インスタンス変数名」で値を更新したり、値を受け取ることができます（リスト8-8、図8-4）。

▼ リスト8-8　インスタンス変数の利用例（class03.py）

```
01: class Student:
02:     def __init__(self, in_name, in_math, in_eng, in_jpn):
03:         self.name  = in_name
04:         self.math  = in_math
05:         self.english = in_eng
06:         self.japanese = in_jpn
07:
08:
09: stu1 = Student('佐藤', 90, 60, 70)
10: print('生徒名', stu1.name)
11: print('数学', stu1.math)
12: print('英語', stu1.english)
13: print('国語', stu1.japanese)
14:
15: stu1.japanese = 75
16: print('更新後の国語', stu1.japanese)
```

```
c:¥zero-python¥c08>python class03.py
生徒名 佐藤
数学 90
英語 60
国語 70
更新後の国語 75
```

● 図8-4　リスト8-8の実行結果

ただし、オブジェクト指向の考え方では、インスタンス変数の値を直接変更しないほうが良いプログラムであると言われています。そのため、インスタンス変数を利用する場合は、メソッドを使うことが勧められています。

8-2-5 メソッドの生成

インスタンス変数を直接変更しないようにするため、インスタンス変数を使ったメソッドを作ってみましょう。関数と同じように作りますが、__init__メソッドと同じようにselfを引数に追加します。

● 書式：メソッドの作成方法

```
def メソッド名(self, メソッド引数……):
    メソッドで行う処理
    return 戻り値
```

メソッドで行う処理では、インスタンス変数を利用することができます。

メソッドの引数であるselfを利用して、「self.インスタンス変数」で値を更新したり、値を受け取ることができます。

Studentクラスに、自分の情報を表示するメソッドと合計点数を返すメソッド、数学の点数を変更するメソッドを追加してみましょう。（**リスト8-9**）。

▼ リスト8-9　メソッドの作成例（class04.py、一部）

```
01: class Student:
02:     def __init__(self, in_name, in_math, in_eng, in_jpn):
03:         self.name   = in_name
04:         self.math   = in_math
05:         self.english = in_eng
06:         self.japanese = in_jpn
07: 
08:     # 自分の情報を表示するメソッド
09:     def show_detail(self):
10:         print('生徒名:', self.name)
11:         print('数学:', self.math)
12:         print('英語:', self.english)
13:         print('国語:', self.japanese)
14: 
15:     # 合計点数を返すメソッド
16:     def get_total_score(self):
17:         return self.math + self.english + self.japanese
18: 
19:     # 数学の点数を変更するメソッド
20:     def set_math(self, new_math):
21:         self.math = new_math
```

8-2-6 メソッドの利用

メソッドを利用するには、インスタンスをまず作ってからインスタンス経由でメソッドを呼び出します。

● 書式：メソッドの利用方法

戻り値を受け取る変数 = インスタンス.メソッド名(メソッド引数……)

戻り値がないメソッドの場合は、戻り値を受け取る変数は省略可能です。

先ほどのStudentクラスで作ったメソッドをそれぞれ呼び出してみましょう（**リスト8-10、図8-5**）。

▼ リスト8-10 メソッドの利用例（class04.py、一部）

```
24: stu1 = Student('佐藤', 90, 60, 70)
25: # 自分の情報を表示
26: stu1.show_detail()
27: # 空行の表示
28: print()
29: # 数学の点数を変更する
30: stu1.set_math(85)
31: # もう一度自分の情報を表示
32: stu1.show_detail()
33:
34: # 合計点数を取得する
35: ts1 = stu1.get_total_score()
36: print('合計点:', ts1)
```

```
c:¥zero-python¥c08>python class04.py
生徒名: 佐藤
数学: 90
英語: 60
国語: 70

生徒名: 佐藤
数学: 85
英語: 60
国語: 70
合計点: 215
```

● 図8-5 class04.pyの実行結果

COLUMN

アクセス制限

インスタンス変数を直接変更しないためにメソッドを使いますが、そのままだと実際には直接変更できてしまいます。そのため、Pythonではアクセスできないようにインスタンス変数にアクセス制限を付ける機能があります。

インスタンス変数の名前の前に、「__(アンダーバー2個)」を付けることで、直接アクセスできないようにしてしまう方法です(**リスト8-A**)。

▼リスト8-A　インスタンス変数にアクセス制限を付ける(サンプルなし)

```
01: class Student:
02:     def __init__(self, name, math, english, japanese):
03:         self.__name = name
04:         self.__math  = math
05:         self.__english = english
06:         self.__japanese = japanese
07:
08:
09: stu1 = Student('佐藤', 90, 60, 70)
10: print(stu1.__name)     # これはエラーになる
```

オブジェクト指向の考え方に基づいて作っていくときは、このように明示的にアクセス制限を行い、必要に応じてインスタンス変数にアクセスするためのメソッドを作っていくようにしたほうが良いでしょう。

練習問題

問題1　**以下のようなStudentクラスと、Studentクラスのインスタンスを2つ作って表示するプログラムを作って実行しましょう。**

ファイル名　script8-1.py

クラス名　Student

- インスタンス変数：
  - name……生徒名
  - math……数学の点数
  - english……英語の点数
  - japanese……国語の点数
- メソッド：
  - show_detail……自分の情報を表示する
    - 引数……self
    - 戻り値……なし

● 実行結果

```
生徒名を入力してください->佐藤
数学の点数を入力してください->90
英語の点数を入力してください->60
国語の点数を入力してください->70

生徒名を入力してください->三村
数学の点数を入力してください->65
英語の点数を入力してください->95
国語の点数を入力してください->85

<生徒1>
生徒名: 佐藤
数学: 90
英語: 60
国語: 70
<生徒2>
生徒名: 三村
数学: 65
英語: 95
国語: 85
```

問題2　**問題1で作ったStudentクラスに、合計点と平均点を計算するメソッドを追加して、表示するプログラムを作って実行しましょう。**

ファイル名　script8-2.py
クラス名　Student

- ・インスタンス変数、show_detailメソッドは問題1と同じ
- ・追加メソッド：
  - ・get_total_score……自分の合計点を返す
    - ・引数：self
    - ・戻り値：数学と英語と国語の合計点
  - ・get_averate_score……自分の平均点を返す
    - ・引数：self
    - ・戻り値：数学と英語と国語の平均点

● 実行結果

```
生徒名を入力してください->佐藤
数学の点数を入力してください->90
英語の点数を入力してください->60
国語の点数を入力してください->70

生徒名: 佐藤
数学: 90
英語: 60
国語: 70
合計点：220
平均点：73.33333
```

問題3　**問題2で作ったStudentクラスのインスタンスを要素とするリストを作成し、入力された生徒名でリストから検索するプログラムを作って実行しましょう。**

ファイル名　script8-3.py
使用するデータ（Studentインスタンスを要素とするリスト）

```
students = [Student('佐藤', 100, 40, 65), Student('丸山', 64, 98, 79),
            Student('三村', 48, 87, 92), Student('古川', 83, 81, 74)]
```

クラス名　Student

・インスタンス変数、メソッドは問題2と同じ

```
students = [Student('佐藤', 100, 40, 65), Student('丸山', 64, 98, 79),
            Student('三村', 48, 87, 92), Student('古川', 83, 81, 74)]
```

● **実行結果**

(存在する場合)

```
生徒名を入力してください->佐藤
生徒名: 佐藤
数学: 90
英語: 60
国語: 70
```

(存在しない場合)

```
生徒名を入力してください->山田
存在しません
```

CHAPTER

9

モジュールとパッケージについて学ぼう

Pythonではコードをファイルやフォルダにまとめておくことができますが、別のファイルに書かれている関数やクラスを扱うためには準備が必要です。さまざまなコードを組み合わせて実行するための方法を学びましょう。

9-1 モジュールとパッケージを理解しよう

複雑なプログラムになると、プログラムを1つのファイルにまとめにくくなります。複数ファイルを使ったプログラムに必要なモジュールとパッケージについて学びましょう。

9-1-1 モジュールとは

複雑なプログラムになると、1つのファイルのコードは100行、1000行……と大量になり、エラーを探し出すのが難しくなります。そこでプログラムを複数に分割し、実行する際にまとめてから実行する方法がよく採られています。

Pythonでは、拡張子「～.py」のコードを記述したファイルを「**モジュール**」と呼びます。さまざまなコードを組み合わせる際、関数やクラスを1つのファイルにまとめ、あとからそれらを組み合わせる際に使いやすくなります。

モジュールは、作業の内容や関数・クラスの特徴ごとにまとめ、その特徴を示す「モジュール名.py」という名前を付けます。

9-1-2 パッケージとは

関数やクラスの特徴ごとにファイルを分けることで作業を分割できますが、さらに複雑で大きなプログラムを作る際は、ファイルの管理だけでも大変です。このような場合、「**パッケージ**」という単位でフォルダと同様に複数モジュールを1つにまとめます。

モジュールをフォルダにまとめて入れることでパッケージを作成できますが、別のパッケージからモジュールを使えるようにする場合は、「__init__.py」という特別なモジュールが必要になります。

「__init__.py」には、「このフォルダはパッケージとして認識してほしい」という印を付ける役割があります。このモジュールの中は特に何も書かなくても良いですが、パッケージとして扱いたいフォルダには、必ずこのファイルを作る必要があります。

9-1-3 モジュールとパッケージに分割してみよう

リスト9-1のような関数やクラスが混じったプログラムがあったとします。

▼リスト9-1　複雑なプログラム（calc_account.py）

```
01: # --- 関数を定義している部分 ここから --- #
02: def plus(x=0, y=0):
03:     return x + y
04:
05: def minus(x=0, y=0):
06:     return x - y
07: # --- 関数を定義している部分 ここまで --- #
08:
09: # --- クラスを定義している部分 ここから --- #
10: class Account:
11:     def __init__(self, name, no, balance):
12:         self.__name = name
13:         self.__no = no
14:         self.__balance = balance
15:
16:     def show_detail(self):
17:         print('口座名義', self.__name)
18:         print('口座番号', self.__no)
19:         print('残高', self.__balance)
20: # --- クラスを定義している部分 ここまで --- #
21:
22: # --- 関数やクラスを利用している部分 ここから --- #
23: result1 = plus(10, 3)
24: result2 = minus(10, 3)
25:
26: print('10 + 3 =', result1)
27: print('10 - 3 =', result2)
28:
29: account1 = Account('佐藤', 1, 1000)
30: account1.show_detail()
31: # --- 関数やクラスを利用している部分 ここまで --- #
```

リスト9-1を関数やクラスの定義部分と関数やクラスの利用部分に分割した場合、以下のようなファイル構成になります。

- my_func.py …… **関数の定義モジュール**
- my_class.py …… **クラスの定義モジュール**
- script.py ……… **関数やクラスを利用するスクリプト用のモジュール**

これらのファイルを同じフォルダにまとめたものがパッケージとなります。

9-2 モジュールとパッケージを使おう

自分で動かしたい作業を書いたスクリプト用のモジュールの中で別のモジュールにある関数やクラスを使いたい場合は、そのままでは使うことができません。利用するための方法を学びましょう。

9-2-1 import文

まず、利用したいモジュールを指定する際に使うのが**import文**です。import文では、スクリプト用のモジュールの中で使いたいモジュールを指定します。

● 書式：import文の書き方

```
import モジュール名
```

importした関数やクラスを使う場合は、以下のように記述します。

● 書式：importしたモジュールの使い方

```
モジュール名.関数()
モジュール名.クラス名
```

● モジュールを利用する

リスト9-1のうち、関数の定義モジュールは**リスト9-2**、クラスの定義モジュールは**リスト9-3**のようになります。

▼ リスト9-2　関数の定義モジュール例（my_func.py）

```
01: def plus(x=0, y=0):
02:     return x + y
03:
04: def minus(x=0, y=0):
05:     return x - y
```

▼ リスト9-3　クラスの定義モジュール例（my_class.py）

```
01: class Account:
02:     def __init__(self, name, no, balance):
03:         self.__name = name
04:         self.__no = no
05:         self.__balance = balance
06:
07:     def show_detail(self):
08:         print('口座名義', self.__name)
09:         print('口座番号', self.__no)
10:         print('残高', self.__balance)
```

2つ以上のモジュールを利用したい場合は、インポートするモジュールごとにimportを書く方法と、1つのimportに「,（カンマ）」で区切ってモジュールを並べて書く方法の2種類があります。

● 書式：複数のモジュールを指定する（その1）

```
import モジュール1
import モジュール2
……
```

● 書式：複数のモジュールを指定する（その2）

```
import モジュール1, モジュール2 ……
```

リスト9-2とリスト9-3の2つのモジュールを利用するためのモジュールが**リスト9-4**です。実行結果は**図9-1**のとおりです。

▼ リスト9-4　関数やクラスを利用するスクリプト用のモジュール例（script.py）

```
01: import my_func
02: import my_class
03:
04: result1 = my_func.plus(10, 3)  ――― my_funcモジュールのplus関数を実行
05: result2 = my_func.minus(10, 3)  ――― my_funcモジュールのminus関数を実行
06:
07: print('10 + 3 =', result1)
08: print('10 - 3 =', result2)
09:
10: account1 = my_class.Account('佐藤', 1, 1000)  ――― my_classモジュールのAccountクラスインスタンスを生成
11: account1.show_detail()  ――― Accountインスタンスのshow_detailメソッドを実行
```

```
c:¥zero-python¥c09>python script.py
10 + 3 = 13
10 - 3 = 7
口座名義 佐藤
口座番号 100
残高 5000
```

● 図9-1 リスト9-4の実行結果

9-2-2 from句

● from句を使わない場合

図9-2のようなフォルダ構成の場合、パッケージ名を含めてモジュールをインポートする必要があります。

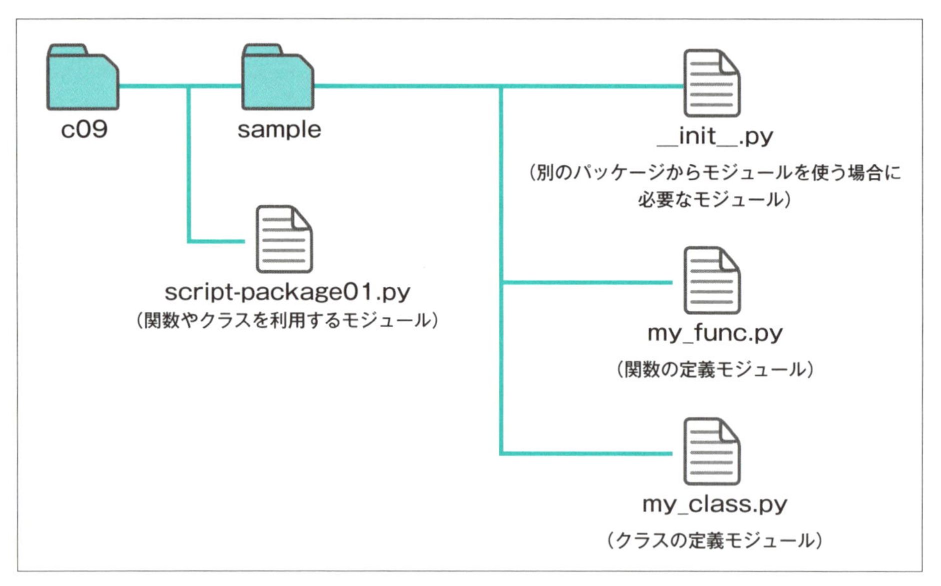

● 図9-2 フォルダ構造の例

c:¥zero-python¥c09フォルダの下にsampleフォルダに作成します。

sampleフォルダには、my_func.py(リスト9-2)と何も記述しない__init__.py(9-1-2参照)を作成します。

次にc09フォルダの下にモジュールを利用するためのscript_package01.pyを作成します(リスト9-5)。実行結果は図9-3のとおりです。

▼ リスト9-5　from句を使わない場合の例（その1、script_package01.py）

```
01: import sample.my_func
02: 
03: result = sample.my_func.plus(10, 3)
04: print('10 + 3 =', result1)
```

```
c:¥zero-python¥c09>python script_package01.py
10 + 3 = 13
```

● 図9-3　リスト9-5の実行結果

図9-4では、my_funcモジュールを正しく使えていることがわかりました。

しかし、パッケージ構造が複雑になった場合や、別の遠い階層にあるパッケージを利用したい場合は、この書き方にすると、プログラムが読みづらくなります。

たとえば、**図9-4**のような図9-2よりも複雑なフォルダ構造の場合は、**リスト9-6**のように記述します。実行結果は**図9-5**のとおりです。

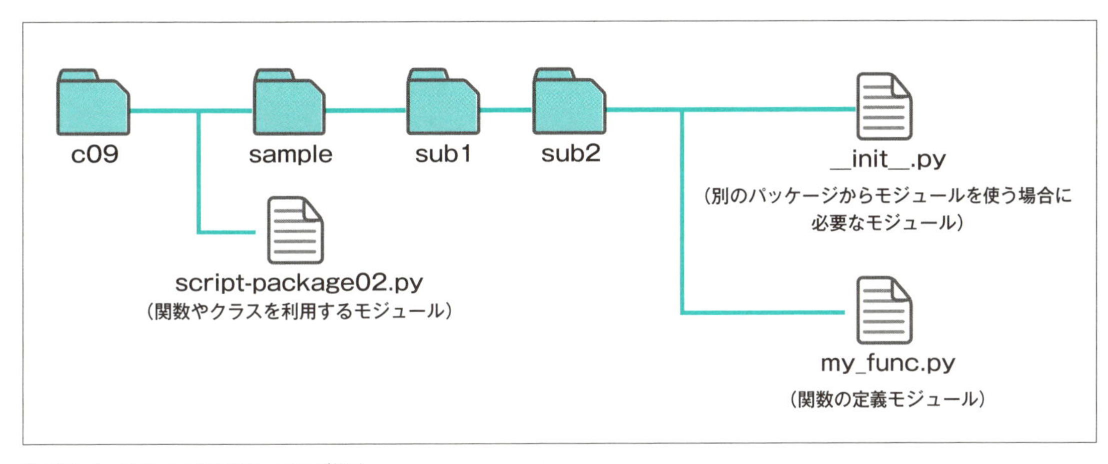

● 図9-4　図9-2より複雑なフォルダ構造

▼ リスト9-6　from句を使わない場合の例（その2、script_package02.py）

```
01: import sample.sub1.sub2.my_func
02: 
03: result1 = sample.sub1.sub2.my_func.plus(10, 3)
04: print('10 + 3 =', result1)
```

```
c:¥zero-python¥c09>python script_package02.py
10 + 3 = 13
```

● 図9-5　リスト9-6の実行結果

from句を使う場合（パッケージまで指定）

プログラムを複雑にせずシンプルにパッケージからimportする場合は、from句を使います。

from句を使うと、スクリプトファイルの中でfrom句以下に書いた部分を省略でき、import以下に書いた部分から使うことができます。

書式：fromとimportを組み合わせた書き方（その1）

from *パッケージ名* import *モジュール名*

この書式に沿ってリスト9-5を書き換えたのが**リスト9-7**となります。実行結果は**図9-6**のとおりです。

▼リスト9-7　パッケージまで指定してfrom句を使う例（script_package03.py）

```
01: from sample import my_func
02: result1 = my_func.plus(10, 3)
03: print('10 + 3 =', result1)
```

```
c:¥zero-python¥c09>python script_package03.py
10 + 3 = 13
```

図9-6　リスト9-8の実行結果

リスト9-5と同じ実行結果になっていることがわかります。

また以下の書式に沿ってリスト9-4の一部を書き換えたのが**リスト9-8**です。実行結果は**図9-7**のとおりです。

書式：fromとimportを組み合わせた書き方（その2）

from *パッケージ名.モジュール名* import *関数名1やクラス名1,関数名2やクラス名2*

▼リスト9-8　複数の関数を指定してfrom句を使う例（script_package04.py）

```
01: from sample.my_func import plus, minus
02:
03: result1 = plus(10, 3)
04: result2 = minus(10, 3)
05:
06: print('10 + 3 =', result1)
07: print('10 - 3 =', result2)
```

```
c:¥zero-python¥c09>python script_package04.py
10 + 3 = 13
10 - 3 = 7
```

● **図9-7　リスト9-9の実行結果**

リスト9-8でplus()関数とminus()関数を指定してインポートしているので、図9-7のように正常に実行されました。

もしも、**リスト9-9**のようにminus()関数をimportしなかった場合は、**図9-8**のようにエラーになります。

▼ **リスト9-9　関数を指定し忘れた例（script_package05.py）**

```
01: from sample.my_func import plus
02: 
03: result1 = plus(10, 3)
04: result2 = minus(10, 3)
05: 
06: print('10 + 3 =', result1)
07: print('10 - 3 =', result2)
```

```
c:¥zero-python¥c09>python script_package05.py
Traceback (most recent call last):
  File "script_package5.py", line 4, in <module>
    result2 = minus(10, 3)
NameError: name 'minus' is not defined
```

● **図9-8　リスト9-9の実行結果**

問題1 実行するスクリプトとモジュールの関係が以下のような場合、module01とmodule02にある関数を利用したい場合について考えましょう。

・[①]に必要なファイルの名前を答えましょう。

```
____ script01.py
 |__ folder01   __ [ ① ]
                 |_ module01.py
 |__ folder02   __ folder03 __ [ ① ]
                 |_ [ ① ]       |_ module02.py
```

・以下はscript01.pyの一部です。[②]～[④]に当てはまる語句を埋めましょう。

```
from [ ② ] [ ③ ] module01
from [ ④ ] [ ③ ] module02
```

問題2 Chapter 8の問題3で作ったscript8-3.pyを、作業内容ごとに分割してみましょう。

CHAPTER

10

いろいろなモジュールを使ってみよう

本Chapterでは、自分で作ったモジュールだけでなく、標準で用意されている日付モジュールと乱数を作る関数の他、便利な外部ライブラリなどを使う方法を学びましょう。

10-1 日時に関するモジュールを使ってみよう

Pythonでは、プログラムの中で日付や時間を使うための便利なクラスが用意されています。標準モジュールを使って日時を扱う方法を学びましょう。

10-1-1 標準モジュールとは

Pythonでは、日時やOSに関わる処理など、プログラムでよく使われる作業を関数やメソッドで簡単に行うことができるモジュールがたくさん標準で用意されています。本書では、これらを**標準モジュール**と呼ぶこととします。

Chapter 9では自分で作ったモジュールの使い方を解説しましたが、本Chapterでは、よく使う標準モジュールとして日付に関するモジュールと、ランダムな数を作るモジュールの使い方を学んでいきます。

10-1-2 日時の表示（datetimeクラス）

日付や時間に関する処理は、**datetimeモジュール**にまとめられています。datetimeモジュールには、いくつかのクラスが用意されています。

datetimeクラスは、日付と時間をまとめているクラスです。今の日付と時間を取り出したり、未来や過去の日時を使って作業をするときに使います。

● datetimeクラスのインポート

datetimeクラス(注1)を使うためには、まずインポートを行わなければいけません。

● 書式：datetimeクラスのインポート

```
from datetime import datetime
```

● 現在の日時を表示する

現在の日時を表示するには、nowメソッドでdatetimeインスタンスを作成します。

（注1） モジュール名とクラス名が同じなので混乱するかもしれませんが、fromの後ろがdatetimeモジュール、importの後ろがdatetimeクラスです。

● 書式：現在の日時を表示する書き方

```
変数 = datetime.now()
```

print()関数を実行すると、以下の形式で表示されます。

● 書式：デフォルトでの日時の表示形式

```
年-月-日 時:分:秒.マイクロ秒
```

リスト10-1を記述し、C:¥zero-python¥c10フォルダにhiduke01.pyという名前で保存してください。実行結果は**図10-1**のとおりです。

▼ リスト10-1　現在の日時を表示する例（hiduke01.py）

```
01: from datetime import datetime
02: n = datetime.now()
03: print(n)
```

```
c:¥zero-python¥c10>python hiduke01.py
2018-06-23 18:10:40.235729
```

● 図10-1　リスト10-1の実行結果

図10-1のように今日の日付とマイクロ秒までの時間が表示されました。

● 過去や未来の日時を表示する

過去や未来の日付や時間を表すインスタンスを作ることもできます。

● 書式：過去や未来の日時を表示する書き方

```
変数 = datetime.now(年, 月, 日, 時, 分, 秒)
```

西暦2000年3月3日午前10時30分という日時のインスタンスを作ってみましょう（**リスト10-2**、**図10-2**）。

▼ リスト10-2　過去や未来の日時を表示する例（hiduke02.py）

```
01: from datetime import datetime
02: pd = datetime(2000, 3, 3, 10, 30)
03: print(pd)
```

```
c:¥zero-python¥c10>python hiduke02.py
2000-03-03 10:30:00
```

● 図10-2 リスト10-2の実行結果

図10-2のように、指定した「分」までのインスタンスが作成されています。

● 時間などの指定を省略した場合

西暦は1～9999の間、時間は24時間表示で設定します。**リスト10-3**のように、時間を省略した場合は、0時0分0秒としてインスタンスが作られます。実行結果は**図10-3**のとおりです。

▼ リスト10-3 時間などの指定を省略した例 (hiduke03.py)

```
01: from datetime import datetime
02: pd = datetime(2000, 3, 3)
03: print(pd)
```

```
c:¥zero-python¥c10>python hiduke03.py
2000-03-03 00:00:00
```

● 図10-3 リスト10-3の実行結果

● 存在しない日時を指定した場合

存在しない日付（2月30日や25時など）を指定した場合はエラーになります（**リスト10-4**、**図10-4**）。

▼ リスト10-4 存在しない日時を指定した場合 (hiduke04.py)

```
01: from datetime import datetime
02: pd = datetime(2000, 2, 30)
03: print(pd)
```

```
c:¥zero-python¥c10>python hiduke04.py
Traceback (most recent call last):
  File "hiduke04.py", line 2, in <module>
    pd = datetime(2000, 2, 30)
ValueError: day is out of range for month ――― エラーになる
```

● 図10-4 リスト10-4の実行結果

10-1-3 日付の表示（dateクラス）

● dateクラスのインポート

datetimeクラスと同じように、**dateクラス**もインポートを行う必要があります。

● 書式：dateクラスのインポート

```
from datetime import date
```

今日の日付を表示する

dateクラスは日付だけを表すクラスです。今日の日付のインスタンスを作りたいときはtodayメソッドを使います（リスト10-5、図10-5）。

● 書式：今日の日付を表示する書き方

```
変数 = date.today()
```

▼ リスト10-5　今日の日付を表示する例（hiduke05.py）

```
01: from datetime import date
02: t = date.today()
03: print(t)
```

```
c:¥zero-python¥c10>python hiduke05.py
2018-06-23
```

● 図10-5　リスト10-4の実行結果

過去や未来の日付を表示する

datetimeクラス（リスト10-2）と同じように、dateクラスでも過去や未来の日付のインスタンスを作成することができます（リスト10-6、図10-6）。

▼ リスト10-6　未来の日付の作成（hiduke06.py）

```
01: from datetime import date
02: fd = date(2050, 10, 10)
03: print(fd)
```

```
c:¥zero-python¥c10>python hiduke06.py
2050-10-10
```

● 図10-6　リスト10-6の実行結果

日付同士を比較する

dateクラス・datetimeインスタンスともに、生成した日付のインスタンス同士で比較することができます（リスト10-7、図10-7）

▼リスト10-7　日付同士の比較（hiduke07.py）

```
01: from datetime import date
02: if date.today() > date(2000, 3, 3):
03:     print('過去の日付です')
04: elif date.today() == date(2000, 3, 3):
05:     print('今日です')
06: else:
07:     print('未来の日付です')
```

```
c:¥zero-python¥c10>python hiduke07.py
過去の日付です
```

● 図10-7　リスト10-7の実行結果

リスト10-7では、2000年3月3日を基準に日付の比較を行っています。プログラムを実行した日が2000年3月3日より後だった場合は「過去の日付です」、2000年3月3日より前だった場合は「未来の日付です」と表示されます(注2)。

10-1-4 日付や時間の差分の表示（timedeltaクラス）

● timedeltaクラスのインポート

timedeltaクラスは、日付や時間の差分を表すクラスです。timedeltaクラスのインポートを行う場合は、以下のように記述します。

● 書式：timedeltaクラスのインポート

```
from datetime import timedelta
```

● 日付や時間の差分の表示

timedeltaクラスは、直接インスタンスを作ったり、datetimeインスタンス同士で引き算を実行した計算結果として作ることもできます。

● 書式：日付や時間の差分を取得する方法

・元の日付からtimedelta分のある日付を取得する

計算後の日付 = *元のdatetimeインスタンス* +（または -）timedelta(days=*日数*)

計算後の日付 = *元のdateインスタンス* +（または -）timedelta(days=*日数*)

（注2）　コンピュータが持っている日付を基準に比較しています。たとえば、コンピュータの日付を「1998年6月23日」に設定してリスト10-7を実行すると、「未来の日付です」になります。

・元の日付からtimedelta分の時間差がある時間を取得する

計算後の日時 = *元のdatetimeインスタンス* + (または -) timedelta(hours=*時間*)

・2つの日時（日付）の差分を取得する

timedeltaインスタンス = *datetimeインスタンス* - *datetimeインスタンス*

timedeltaインスタンス = *dateインスタンス* - *dateインスタンス*

リスト10-8では、timedeltaモジュールからいくつかインスタンスを作成し、実行しています。実行結果は図10-8のとおりです。

▼ リスト10-8　timedeltaインスタンスの作成と実行（hiduke08.py）

```
01: from datetime import date, datetime, timedelta
02: nd = date.today() - timedelta(days=1)
03: print(nd)
04: hd = datetime.now() + timedelta(hours=3)
05: print(hd)
06:
07: td1 = date(2000, 3, 10) - date(2000, 3, 3)
08: print(td1.days)
09:
10: # 2000/3/3 10:00から2000/3/3 10:30までの秒数
11: td2 = datetime(2000, 3, 3, 10, 30) - datetime(2000, 3, 3, 10, 00)
12: print(td2.seconds)
```

```
c:¥zero-python¥c10>python hiduke08.py
2018-06-22
2018-06-23 13:36:31.874036
7
1800
```

● 図10-8　リスト10-8の実行結果

リスト10-8の2行目では、1日前のdateインスタンスを取得して表示しています。2018年6月23日に実行しているので、その前日が表示されています。

4行目では、現在の日時から3時間後のdateインスタンスを取得して表示しています。

7行目では2000年3月10日と2000年3月3日の差分を取得して表示しています。また、9行目では、2000年3月3日10時00分と2000年3月3日10時30分の差分の秒数を取得して表示しています。

● timedeltaクラスの引数と表示可能なインスタンス変数

timedeltaクラスのインスタンスを作る際に指定可能な引数は、表10-1にある7種類があります。引数にはマイナス値を設定することも可能です。

● 表10-1 timedeltaクラスで指定可能な引数

引数	説明
days	～日後
seconds	～秒後
microseconds	～マイクロ秒後
milliseconds	～ミリ秒後
minutes	～分
hours	～時間後
weeks	～週間後

また、計算結果などから取得したtimedeltaインスタンスにおいて確認できるインスタンス変数は、**表10-2**にある3つのみです。

● 表10-2 表示可能なインスタンス変数

インスタンス変数名	説明
days	～日後
seconds	～秒後
microseconds	～マイクロ秒後

● 分単位で差分を表示

表10-2を見て気付いた方もいるかもしれませんが、表示可能なインスタンス変数として「分」がありません。差分を分単位で表示したい場合は、一度秒数を取得してから分に直す必要があります（**リスト10-9**、**図10-9**）。

▼ リスト10-9 秒数から分に直して表示（hiduke09.py）

```
01: from datetime import datetime
02: td = datetime(2000, 3, 3, 10, 30) - datetime(2000, 3, 3, 10, 00)
03: m = td.seconds // 60
04: print(m, '分経ちました')
```

```
c:¥zero-python¥c10>python hiduke09.py
30 分経ちました
```

● 図10-9 リスト10-9の実行結果

リスト10-9の2～3行目では、2000年3月3日10時30分と2000年3月3日10時00分の差分を属性secondsを使って秒数を取得し、それを60で割って分を取得しています。なお、「//」演算子を使っているため分に直したときに小数が発生する場合は切り捨てとなります。

曜日の取得

曜日を取得したい場合は、dateインスタンスまたはdatetimeインスタンスのweekdayメソッドを使います。Pythonでは、月曜日から日曜日までを0から6の数値で表します（表10-3）。

表10-3　weekdayメソッドの戻り値と曜日の対応

数字	曜日
0	月曜日
1	火曜日
2	水曜日
3	木曜日
4	金曜日
5	土曜日
6	日曜日

今日の曜日番号を表示させてみましょう（リスト10-10、図10-10）。

▼リスト10-10　今日の曜日を表示する（hiduke10.py）

```
01: from datetime import date
02: print(date.today().weekday())
```

```
c:¥zero-python¥c10>python hiduke10.py
0
```

図10-10　リスト10-10の実行結果

文字列から日時への変換

「2000年3月3日」などの文字列からdatetimeクラスのインスタンスに変換して日時として扱いたい場合、strptimeメソッドを使います（リスト10-11、図10-11）。

書式：文字列から日時への変換方法

datetimeインスタンス = datetime.strptime(*変換したい文字列*, *フォーマット文字列*)

▼リスト10-11　文字列から日時への変換例（hiduke11.py）

```
01: from datetime import datetime
02: s = '2000年3月3日'
03: dt = datetime.strptime(s, '%Y年%m月%d日')
04: print(dt)
```

```
c:¥zero-python¥c10>python hiduke11.py
2000-03-03 00:00:00
```

図10-11　リスト10-11の実行結果

このような変換の際、よく使われるフォーマット文字列を表10-4にまとめています。

● 表10-4 フォーマット文字列

フォーマット	説明
%y	上2桁なしの西暦年を表す2桁の10進数（00～99）
%Y	上2桁付きの西暦年を表す10進数（1～9999）
%m	月を表す2桁の10進数（01～12）
%d	月の始めから何日目かを表す2桁の10進数（01～31）
%H	（24時間計での）時を表す2桁の10進数（00～23）
%I	（12時間計での）時を表す2桁の10進数（01～12）
%j	年の初めから何日目かを表す3桁の10進数（001～366）
%b	省略形の月名（Feb、Novなど）
%B	省略なしの月名（February、Novemberなど）
%a	省略形の曜日名（Mon、Friなど）
%A	省略なしの曜日名（Monday、Fridayなど）
%M	分を表す2桁の10進数（00～59）
%p	AMまたはPMに対応する文字列
%S	秒を表す2桁の10進数（00～61）
%U	年の初めから何週目か（日曜を週の始まりとする）を表す10進数
%w	曜日を表す10進数0（日曜日）～6（土曜日）まで
%W	年の初めから何週目か（日曜を週の始まりとする）を表す10進数（00～53）
%%	文字"%"自体の表現

「%w」での曜日の扱いはweekdayメソッドとは異なりますので注意してください。

日時から文字列への変換

datetimeインスタンスを文字列に変換したい場合や、「2000年03月03日 AM10時30分」のように表示したい場合は、**strftimeメソッド**を使います（リスト10-12、図10-12）。

● 書式：日時から文字列への変換方法

文字列 = *datetimeインスタンス*.strftime(*フォーマット文字列*)

▼ リスト10-12 datetimeから文字列への変換例（hiduke12.py）

```
01: from datetime import datetime
02: dt = datetime(2000, 3, 3, 10, 30)
03: st = dt.strftime('%Y/%m/%d %p%I:%M')
04: print(st)
```

```
c:¥zero-python¥c10>python hiduke12.py
2000/03/03 AM10:30
```

● 図10-12 リスト10-12の実行結果

10-2 乱数を作るモジュールを使ってみよう

ここでは、ランダムに数字を生成する際に利用するrandomモジュールについて解説します。

10-2-1 乱数とは

入力した数や自分で指定した数など決まった数ではなく、サイコロの目を振ったときのように、ランダムに何が出るかわからない数を**乱数**と言います。

この乱数を自動生成したり、リストなどのデータの集まりからランダムに要素を取り出す際、**randomモジュール**を利用します（図10-13）。

● 図10-13　randomモジュール

10-2-2 0から1までの間で乱数を発生させる

random.random()関数を使うと、0から1までの間の浮動小数型の乱数を作成できます（リスト10-13、図10-14）。

● 書式：0から1までの間でランダムに小数を作る書き方

```
変数 = random.random()
```

▼ リスト10-13 random()関数の例 (ransu01.py)

```
01: import random
02: rd = random.random()
03: print(rd)
```

```
c:¥zero-python¥c10>python ransu01.py
0.6208610123854594 ――― 0～1の範囲で違う数字が表示される

c:¥zero-python¥c10>python ransu01.py
0.7108672304008873 ――― 0～1の範囲で違う数字が表示される

c:¥zero-python¥c10>python ransu01.py
0.6836735741728474 ――― 0～1の範囲で違う数字が表示される
```

● 図10-14 リスト10-13の実行結果

図10-14では、実行するたびに異なる浮動小数型の数が出力されていることがわかります。

10-2-3 指定した範囲で乱数を発生させる

randint()関数を使うと、指定した範囲でのランダムな整数を作成できます。

● 書式：指定した範囲でランダムに数を作る書き方

```
変数 = random.randint(開始,終了)
```

リスト10-14は1を開始、6を終了として整数を指定し、その間で整数をランダムに作る例です。実行結果は図10-15のとおりです。

▼ リスト10-14 1～6の間で乱数を発生させる例 (ransu02.py)

```
01: import random
02: dice = random.randint(1, 6)
03: print('サイコロの目は', dice, 'です')
```

```
c:¥zero-python¥c10>python ransu02.py
サイコロの目は 1 です ――― 定した範囲で違う数字が表示される

c:¥zero-python¥c10>python ransu02.py
サイコロの目は 6 です ――― 指定した範囲で違う数字が表示される

c:¥zero-python¥c10>python ransu02.py
サイコロの目は 3 です ――― 指定した範囲で違う数字が表示される
```

● 図10-15 リスト10-14の実行結果

図10-15では、指定した範囲でランダムに整数が出力されていることがわかります。

10-2-4 リストなどからランダムに要素を取り出す

choice()関数を使うと、リストや文字列などの順番がある(注3)データの集まりから、ランダムに要素を取り出すことができます。

● 書式：リストなどからランダムに要素を取り出す書き方

```
変数 = random.choice(リストなど)
```

リスト10-15では、2行目にあるリストからchoice()関数を使って、ランダムに要素を取り出します。実行結果は**図10-16**のとおりです。

▼ リスト10-15　リストからランダムに要素を取り出す（ransu03.py）

```
01: import random
02: lst = [10, 3.14, 'abc', (5, 10, 15)]
03: el = random.choice(lst)
04: print(el)
```

```
c:¥zero-python¥c10>python ransu03.py
abc ―――― ランダムに要素が取り出される

c:¥zero-python¥c10>python ransu03.py
abc ―――― ランダムに要素が取り出される

c:¥zero-python¥c10>python ransu03.py
3.14 ―――― ランダムに要素が取り出される

c:¥zero-python¥c10>python ransu03.py
(5, 10, 15) ―――― ランダムに要素が取り出される
```

● 図10-16　リスト10-15の実行結果

図10-16では、リストにある要素がランダムに取り出されることがわかります。

(注3)　辞書やセットなどの順番がないデータには使えません。

10-3 外部ライブラリを使ってみよう

10-1と10-2で紹介した標準モジュール以外の外部ライブラリについて解説します。

10-3-1 外部ライブラリとは

Pythonでは、標準モジュールとして便利な機能があらかじめ使えるようになっていますが、さらにいろいろなことが行えるよう、世界中の人や企業、団体が作成した便利なモジュールが配布されています。これらのモジュールやパッケージをまとめて配布しているものを**ライブラリ**と呼びます(図10-17)。

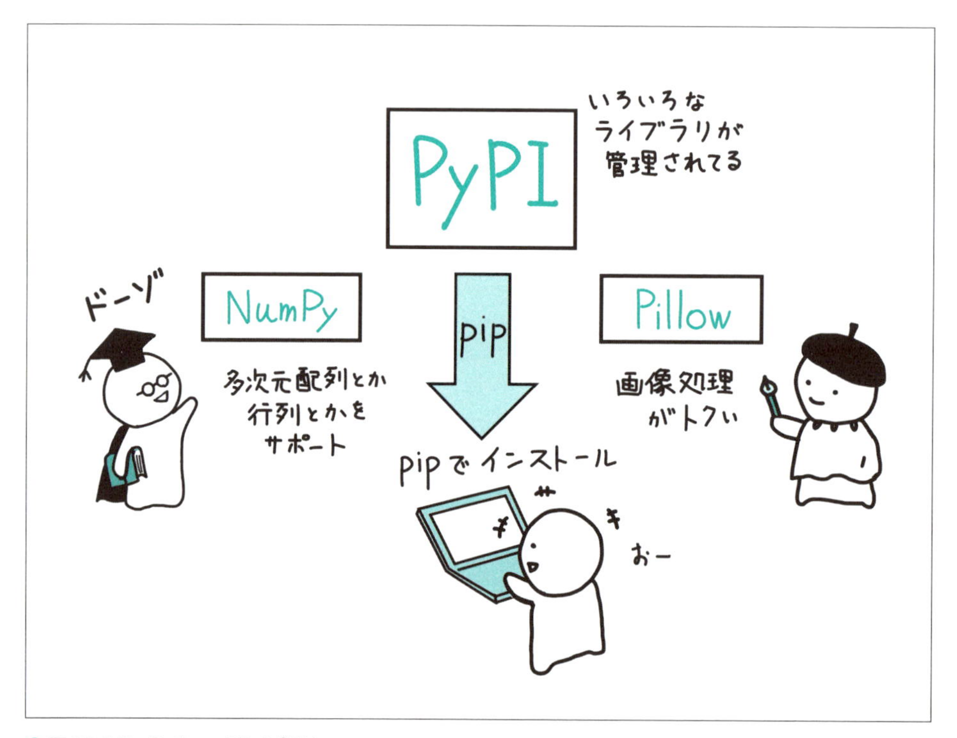

● 図10-17 Pythonのライブラリ

10-3-2 pipコマンドの利用

Pythonでは、さまざまな外部ライブラリがPyPI（the Python Package Index）というサイトに登録されています。

https://pypi.org/

PyPIに登録されている外部ライブラリを使うには、自分が今使っているPythonにライブラリをインストールする必要があります。その際に使用するコマンドが**pipコマンド**です。

● pipコマンドのバージョンアップ

pipコマンドは、インターネットに接続された状態で利用する必要があります。また、バージョンが古いとエラーが出る場合があるので、利用する前にpipコマンド自体のバージョンアップを行います（図10-18）。

```
c:¥zero-python¥c10>python -m pip install --upgrade pip
Collecting pip
  Downloading https://files.pythonhosted.org/packages/0f/74/ecd13431bcc456ed390b4
4c8a6e917c1820365cbebcb6a8974d1cd045ab4/pip-10.0.1-py2.py3-none-any.whl (1.3MB)
    100% |████████████████████████████████| 1.3MB 803kB/s
Installing collected packages: pip
  Found existing installation: pip 9.0.3
    Uninstalling pip-9.0.3:
      Successfully uninstalled pip-9.0.3
Successfully installed pip-10.0.1
```

● 図10-18　pipコマンドのバージョンアップ例

● 外部ライブラリのインストール

pipコマンドのバージョンアップが終了すると、pipコマンドを使ってライブラリのインストールを行うことが可能です（図10-19）。

● 書式：外部ライブラリのインストール方法

pip install *ライブラリ名*
または
python -m pip install *ライブラリ名*

```
c:¥zero-python¥c10>pip install numpy
Collecting numpy
  Downloading https://files.pythonhosted.org/packages/05/3f/39ec9e88b0a14930c7072
2f832861c2ef7bd4bbee9ed8d586c0c1dcb531b/numpy-1.14.2-cp36-none-win32.whl (9.8MB)
    100% |████████████████████████████████| 9.8MB 1.5MB/s
Installing collected packages: numpy
Successfully installed numpy-1.14.2

c:¥zero-python¥c10>
```

● 図10-19 外部ライブラリのインストール例

● 外部ライブラリの詳細情報表示

pipコマンドでインストールした外部ライブラリの詳細情報を表示できます（図10-20）。

● 書式：外部ライブラリの詳細情報の表示方法

```
pip show ライブラリ名
または
python -m pip show ライブラリ名
```

```
c:¥zero-python¥c10>pip show numpy
Name: numpy
Version: 1.14.2
Summary: NumPy: array processing for numbers, strings, records, and objects.
Home-page: http://www.numpy.org
Author: NumPy Developers
Author-email: numpy-discussion@python.org
License: BSD
Location: c:¥users¥p-user¥appdata¥local¥programs¥python¥python36-32¥lib¥site-packages
Requires:
Required-by:
```

● 図10-20 外部ライブラリの情報表示例

● 外部ライブラリのアンインストール

インストールされている外部ライブラリのアンインストールもpipコマンドで行います（図10-21）。

● 書式：外部ライブラリのアンインストール方法

```
pip uninstall ライブラリ名
または
python -m pip uninstall ライブラリ名
```

```
c:¥zero-python¥c10>pip uninstall numpy
Uninstalling numpy-1.14.2:
  Would remove:
    c:¥users¥p-user¥appdata¥local¥programs¥python¥python36-32¥lib¥
site-packages¥numpy-1.14.2.dist-info¥*
    c:¥users¥p-user¥appdata¥local¥programs¥python¥python36-32¥lib¥
site-packages¥numpy¥*
    c:¥users¥p-user¥appdata¥local¥programs¥python¥python36-32¥
scripts¥f2py.pyProceed (y/n)? y   ――― アンインストールする場合は「y」を入力
  Successfully uninstalled numpy-1.14.2
```

● 図10-21　外部ライブラリのアンインストール例

10-3-3 よく利用される外部ライブラリ

よく利用される外部ライブラリを表10-5に挙げています。

本書ではこれらのライブラリの使い方については解説していませんが、書籍やWebサイトなどを参考にご自身に必要なものを探してみて、使ってみると良いでしょう。

● 表10-5　よく利用される外部ライブラリ

ライブラリ名	説明
NumPy（図10-22）	行列計算など、数学の複雑な計算を行うためのライブラリ
Matplotlib	グラフを描画するためのライブラリ
python-dateutil	datetimeモジュールの拡張版ライブラリ
Pillow（Python Imaging Library）	画像処理を行うためのライブラリ。以前はPILという名前で配布されていた

NumPy

Scipy.org

NumPy

NumPy is the fundamental package for scientific computing with Python. It contains among other things:

- a powerful N-dimensional array object
- sophisticated (broadcasting) functions
- tools for integrating C/C++ and Fortran code
- useful linear algebra, Fourier transform, and random number capabilities

Besides its obvious scientific uses, NumPy can also be used as an efficient multi-dimensional container of generic data. Arbitrary data-types can be defined. This allows NumPy to seamlessly and speedily integrate with a wide variety of databases.

NumPy is licensed under the BSD license, enabling reuse with few restrictions.

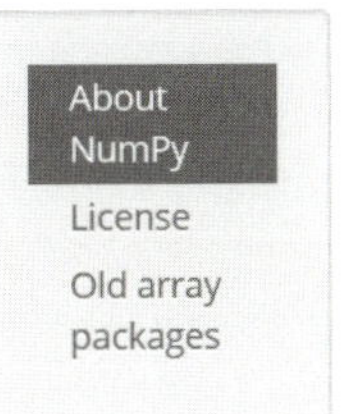

● 図10-22　NumPy公式ページ

問題1　入力した文字列を日付インスタンスに変換し、インスタンスの内容とデータ型を表示するプログラムを作成して実行しましょう。

ファイル名　script10-1.py

● 実行結果

```
YYYY/MM/DDの形式で日付を入力してください->2018/4/1
2018-04-01 00:00:00
<class 'datetime.datetime'>
```

問題2　入力した日付から2020年7月24日までが何日間かを表示するプログラムを作成して実行しましょう。

ファイル名　script10-2.py

● 実行結果

```
YYYY/MM/DDの形式で日付を入力してください->2018/4/1
東京オリンピック開会式まで 845 日です
```

問題3　ランダムでサイコロ3つの数を表示し、合計が偶数か奇数かを表示するプログラムを作成して実行しましょう。

ファイル名　script10-3.py

● 実行結果

```
サイコロ1：2
サイコロ2：3
サイコロ3：4
合計は奇数です
```

CHAPTER

11

ファイルの読み書きをしよう

本Chapterでは、テキストファイルを読み込んだり、書き込んだりする方法を学びましょう。

11-1 ファイルを扱う前に知っておこう

ここでは、Pythonでファイルを扱う前に知っておくべきポイントについて解説します。

11-1-1 2種類のファイル

コンピュータではさまざまなファイルを扱っていますが、これらは大きく以下の2種類に分類できます。

・テキストファイル
・バイナリファイル

文字を保存するためのファイルを**テキストファイル**、それ以外をバイナリファイルと呼びます。一般的にテキストファイルはテキストエディタ(メモ帳やAtomなど)で内容を確認できますが、バイナリファイルは専用アプリケーションを使わないと、人間は読むことができません(図11-1)。

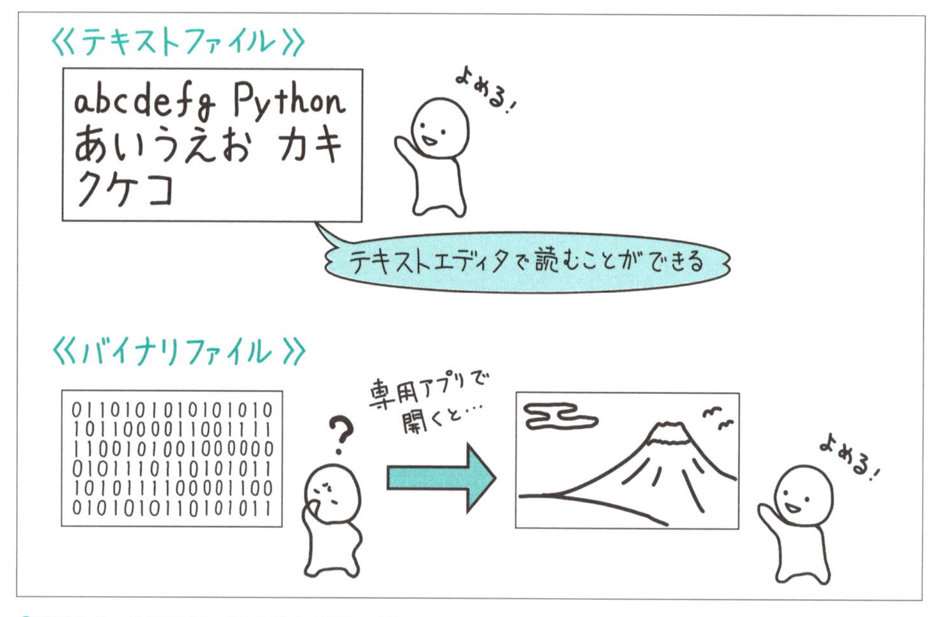

● 図11-1 テキストファイルとバイナリファイル

Pythonではどちらのファイルも扱うことができますが、本Chapterではテキストファイルの読み方、書き込み方について学んでいきます。

COLUMN

文字コードについて

テキストファイルでは、文字コードと呼ばれる表で文字を数値で表します。たとえば、**図11-A**では、「A」を「4」と「1」の組み合わせで表しています。

				0	0	0	0	0	0	0
				0	0	0	0	1	1	1
				0	0	1	1	0	0	1
				0	1	0	1	0	1	0
				0	1	2	3	4	5	6
1	0	0	4		A	B	C	D	E	F
1	0	1	5	P	Q	R	S	T	U	V
1	1	0	6		a	b	c	d	e	f
1	1	1	7	p	q	r	s	t	u	v

●**図11-A　ASCIIコード表の例**

「4」と「1」は、みなさんが普段使っている10進数による表記です。これらをコンピュータが理解できる2進数に変換すると「4」が「100」、「1」が「0001」となり、この文字コード表では、2つを合わせた「1000001」が「A」という文字を表しています。

● 文字コードの種類

文字コード表は1種類というわけではなく、さまざまな種類があります。たとえば、Windowsでよく使われるShift-JIS、UNIXでよく利用されるEUC、現在最も多くの環境で利用されているUTF-8などの種類があります。

● エンコード

テキストファイルでは、どの文字コード表を使って保存された文字を扱うかを正しく指定する必要があります。

文字コード表を指定して機械語から人間がわかる文字に変換する作業をエンコードと言います。エンコードが正しく行われないと、文字化けと言われる、文字の変換に失敗する現象が起きます。

ちなみに、テキストエディタによってデフォルトの文字コードは異なります。たとえば、Atomの場合はUTF-8、Windowsに入っているメモ帳のデフォルトはShift-JISです。

文字コードを意識せずにファイルを保存すると、文字化けが発生したり、プログラムが正しく実行されなくなりますので、プログラミングをするときは気を付けるようにしましょう。

11-1-2 ファイルを扱うためのモジュール

fileオブジェクトとは

Pythonでは、ファイルを開いたり、書き込む際は標準で用意された**fileオブジェクト**を利用します。

fileオブジェクトでは、テキストファイルを扱うテキストモードと、バイナリファイルを扱うバイナリモードをそれぞれ指定します。

ファイルの存在を確認

通常ファイルを削除したり、ファイルの存在を確認するには、コンピュータで使用しているOSの機能を利用します。

しかし、OSの機能はOSごとに異なり、それに伴いファイル処理の方法も異なります。そこでPythonでは、osモジュールを使ってPythonが実行環境で動くOSごとの処理をまとめています。

書式：ファイルの存在を確認する書き方

```
import os
if os.path.exists(ファイルのパス):
    ファイルが存在するときの処理
else:
    ファイルが存在しないときの処理
```

実行しているスクリプトと同じ場所にファイルがあるかどうか確認するには、os.path.exists()関数を使います。

リスト11-1を記述し、C:¥zero-python¥c11フォルダにarunashi01.pyという名前で保存してください。実行結果は**図11-2**のとおりです。

▼ リスト11-1　ファイルの存在を確認する例（arunashi01.py）

```
01: import os
02: if os.path.exists('sample.txt'):
03:     print('sample.txtファイルが見つかりました')
04: else:
05:     print('sample.txtファイルがありません')
```

```
c:¥zero-python¥c11>python arunashi01.py
sample.txtファイルがありません
```

図11-2　リスト11-1の実行結果（ファイルがない場合）

指定したファイルがある場合はTrue、ない場合はFalseを返します。通常はリスト11-1のように、ifなどと組み合わせて使います。

図11-2では、同じフォルダにsample.txtがないため、「sample.txtファイルがありません」と表示されました。リスト11-1があるフォルダにsample.txtを作成し（空ファイルでかまいません）、再度実行してみましょう（**図11-3**）。

```
c:¥zero-python¥c11>python arunashi01.py
sample.txtファイルが見つかりました
```

● **図11-3　リスト11-1の実行結果（ファイルがある場合）**

実行結果に変化がありました。これでos.path.exists()関数によってファイルの存在を見ていることが確認できました。

11-1-3 ファイルの場所

ファイルの場所は、**Chapter 1**で学んだようにパスと呼ばれる文字列で表します。また、Pythonを実行している場所がカレントフォルダとなり、スクリプトファイル上でファイルの場所を指定するときには注意が必要です。

たとえば、「sample.txt」という相対パスで指定したファイルを開くためのスクリプトがsample.txtと同じ場所にあったとします。

カレントフォルダにそれらのファイルがある場合（**図11-4**）にスクリプトを実行すると、問題なく実行できます（**図11-5**）。

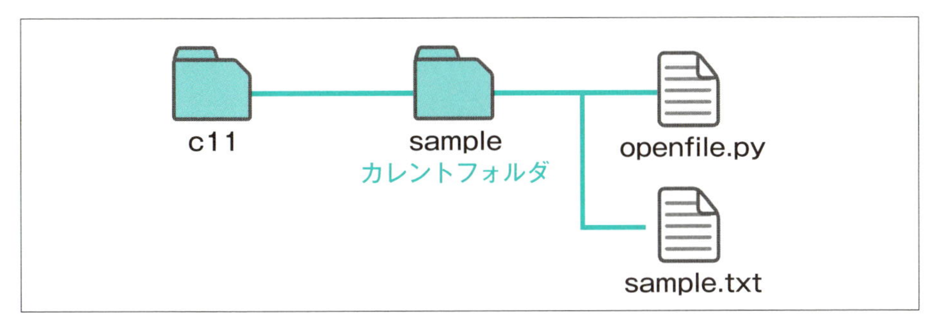

● **図11-4　成功時のフォルダ構成**

```
c:¥zero-python¥c11¥sample>python openfile.py
```
カレントフォルダがc:¥zero-python¥c11¥sampleの場合は成功

● **図11-5　スクリプトとsample.txtがあるフォルダで実行**

一方、カレンドフォルダが1つの上のフォルダだった場合（**図11-6**）にスクリプトを実行すると、「ファイルが見つかりません（FileNotFoundError）」というエラーが発生します（**図11-7**）。

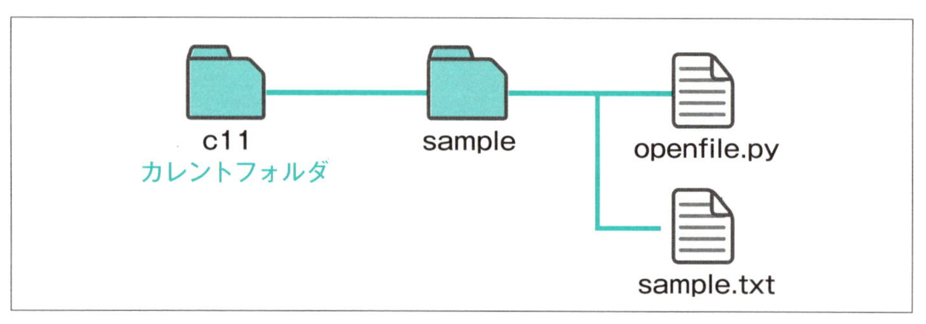

● **図11-6　失敗時のフォルダ構成**

```
c:¥zero-python¥c11>python sample¥openfile.py
Traceback (most recent call last):
  File "sample¥openfile.py", line 1, in <module>
    f = open('sample.txt', encoding='utf-8')
FileNotFoundError: [Errno 2] No such file or directory: 'sample.txt'
```

カレントフォルダが c:¥zero-python¥c11の場合は失敗

● **図11-7　スクリプトと違うフォルダで実行**

カレントフォルダは、あくまでpythonコマンドを実行している場所になりますので、注意しましょう。

11-2 ファイルから データを読みこもう

11-1では、ファイルの種類や場所について学びました。ここでは、実際にテキストファイルからデータを読み込んでみましょう。

11-2-1 読み込み対象ファイルの作成

まず読み込みたいファイルを用意します。C:¥zero-python¥c11フォルダにリスト11-2の内容を記載したsample.txtというファイルを作成してください(注1)。

▼リスト11-2　読み込み対象ファイルの例(sample.txt)

```
01: abcdefg
02: hrjklmn
03: opqrstu
04: vwxyz
```

11-2-2 ファイルを開く

読み込むファイルを開くには、open()関数を使います。

● 書式：open()関数の使い方

```
ファイルオブジェクト = open(ファイルのパス, モード, encoding=文字コード)
```

モードにはテキストファイルとバイナリファイルのモードの他に、読み込み専用モード、書き込み専用モード、追加書き込みモード、読み書きモードがあります。それぞれ以下のように設定します(表11-1)。

(注1)　11-1-2でsample.txtを作成した場合は、リスト11-2の内容に変更してください。

●表11-1　open()関数のモード指定

モード	設定
読み込み専用モード	'r'または省略
書きこみモード	'w'
追加書き込みモード	'a'
更新モード(読み書きOK)	'r+'

sample.txtと同じくc11フォルダに、ファイルを読み込むためのプログラムとしてyomikomi01.pyというファイルを作成します。

今回はデータを読み込むだけですので、モード指定は省略します。Atomで作成したファイルの場合、文字コードはUTF-8なので指定しておきましょう(**リスト11-3**)。

▼リスト11-3　open()関数の例(yomikomi01.py、一部)

```
01: f = open('sample.txt', encoding='utf-8')
```

これでファイルを開いて、読み込む準備ができました。

11-2-3 ファイルを閉じる

ファイルは開いたあとは必ず閉じないと、コンピュータのメモリ上に開いたファイルの情報が残ったままになってしまいます(**図11-8**)。

●図11-8　開いたら閉じる

ファイルを閉じるには、開いたファイルオブジェクトに対してcloseメソッドを使います。**リスト11-4**の2行目のように追加します。

▼リスト11-4　closeメソッドの例(yomikomi01.py、一部)

```
01: f = open('sample.txt', encoding='utf-8')
02: f.close()
```

11-2-4 ファイルを一度に全部読み込む

それでは、開いたファイルからデータを読みこんでみましょう。

readメソッドを使うと、開いたファイルからデータを一気に読みこんで文字列に変換してくれます。

リスト11-4の1行目と2行目の間に、readメソッドと読み込んだ内容を出力するprint()関数を追加します(**リスト11-5**)。実行結果は**図11-9**のとおりです。

▼リスト11-5 readメソッドの例(yomikomi01.py)

```
01: f = open('sample.txt', encoding='utf-8')
02: txt = f.read()
03: print(txt)
04: f.close()
```

```
c:¥zero-python¥c11>python yomikomi01.py
abcdefg
hrjklmn
opqrstu
vwxyz
```

●図11-9 リスト11-5の実行結果

readメソッドは、一度にすべてのデータを読み込むことができるのでとても便利ですが、データが大量にある場合でも一気に文字列に変換するため、サイズの大きいファイルを開く場合は、とても時間がかかることがあります。

11-2-5 1行ずつファイルの内容を読み込む

readメソッドではファイルのすべての内容を一度に読み込みましたが、1行ずつ順番にデータを読み込みたい場合は、readlineメソッドを使います。

readlineメソッドでは、1行分のデータを読み込んだあとに次の行へ移ります。最後まで読み込むと、「''(空文字列)」という、何も入っていない文字列を返します。

●書式:readline()の使い方

```
1行分の文字列 = ファイルオブジェクト.readline()
```

一般的には、readlineメソッドは繰り返しのwhileなどと一緒に使います(**リスト11-6**、**図11-10**)。

▼ リスト11-6　1行ずつファイルの内容を読み込む例 (yomikomi02.py)

```
01: f = open('sample.txt', encoding='utf-8')
02: line = f.readline() ——— 1行目を読み込む
03: count = 1
04: while line != '': ——— ファイルの最後になるまで
05:     print(str(count) + '行目:', line, end='')
06:     line = f.readline()(注:←次の行を読み込む)
07:     count += 1
08:
09: f.close()
```

リスト11-6の2行目でsample.txtの1行目を読み込み、3行目からのwhile文でファイルの最後になるまで、その次の行を読み込むようにしています。

1行分の文字列には、「¥n(改行コード)」と言う改行を表す特別な文字が最後に追加されています。print()関数は表示した後改行する関数ですので、表示後に改行させたくない場合は、print()関数のend引数に、「''(空文字列)」を指定します。

```
c:¥zero-python¥c11>python yomikomi02.py
1行目: abcdefg
2行目: hrjklmn
3行目: opqrstu
4行目: vwxyz
```

● 図11-10　リスト11-6の実行結果

● readlinesメソッド

readlinesメソッドは、1行分の文字列(改行コードを含む)を要素としたリストを作成するメソッドです(リスト11-7、図11-11)。

▼ リスト11-7　readlinesメソッドの例 (yomikomi03.py)

```
01: f = open('sample.txt', encoding='utf-8')
02: lines = f.readlines()
03: print(lines)
04: f.close()
```

```
c:¥zero-python¥c11>python yomikomi03.py
['abcdefg¥n', 'hrjklmn¥n', 'opqrstu¥n', 'vwxyz¥n']
```

● 図11-11　リスト11-7の実行結果

11-3 ファイルにデータを書き込もう

11-2では、ファイルの読み込みを行いましたが、次にファイルに書き込む方法について解説します。

11-3-1 ファイルの作成と上書き

ファイルに書き込む場合は、ファイルを開く際に書き込みモード(表11-1参照)を指定します(リスト11-8)。

▼ リスト11-8　書き込みモード(kakikomi01.py、一部)

```
01: f = open('writesample.txt', 'w', encoding='utf-8')
```

書き込みモードでは、同じ名前のファイルがある場合は前の内容を削除したあとに、書き込める状態にして開きます。同じファイル名がない場合は新しくファイルを作ります。

11-3-2 ファイルへの書き込み

● writeメソッド

writeメソッドでは、文字列を一度に書き込みます。改行も含んで書き込む場合は、「¥n(改行コード)」を文字列の途中に入れるか、改行も含む文字列「'''(シングルクォーテーション3つ)」または「"""(ダブルクォーテーション3つ)」で囲みます(リスト11-9)。実行結果は図11-12のとおりです。

▼ リスト11-9　ファイルへの書き込み例(kakikomi01.py)

```
01: f = open('writesample.txt', 'w', encoding='utf-8')
02: txt = '''abc
03: def
04: efg'''
05: f.write(txt)
06: f.close()
```

```
c:¥zero-python¥c11>python kakikomi01.py

c:¥zero-python¥c11>
```

● 図11-12　リスト11-9の実行結果

特に何も表示されず終了しました。しかし、プログラムを実行したフォルダ(ここではc:¥zero-python¥c11フォルダ)を確認すると、writesample.txtが作成されています(図11-13)。

名前	更新日時	種類
sample	2018/05/27 17:28	ファイル フォルダー
arunashi01.py	2018/04/28 8:52	PY ファイル
kakikomi01.py	2018/04/28 8:52	PY ファイル
kakikomi02.py	2018/04/28 8:52	PY ファイル
kakikomi03.py	2018/04/28 8:52	PY ファイル
sample.txt	2018/04/28 8:52	TXT ファイル
writesample.txt	2018/06/04 20:18	TXT ファイル
yomikomi01.py	2018/04/28 8:52	PY ファイル
yomikomi01_with.py	2018/05/27 17:25	PY ファイル
yomikomi02.py	2018/05/01 16:29	PY ファイル
yomikomi03.py	2018/05/01 16:32	PY ファイル

作成された

● 図11-13 ファイルが作成されている

writesample.txtには、リスト11-9の2〜4行目で記述した内容が記述されています(リスト11-10)

▼ リスト11-10 書き込まれた例(writesample.txt)

```
01: abc
02: def
03: efg
```

● writelinesメソッド

リストやタプルのような、順序のあるデータの集まりの要素を1つずつ書き込むのが、writelinesメソッドです。なお改行コードは自動的に付けてくれません。

リスト11-11を記述し、C:¥zero-python¥c11フォルダにkakikomi02.pyという名前で保存してください。実行結果は図11-14のとおりです。

▼ リスト11-11 writelinesメソッドによる書き込み例(kakikomi02.py)

```
01: f = open('writesample2.txt', 'w', encoding='utf-8')
02: txt = ['abc', 'def', 'efg']
03: f.writelines(txt)
04: f.close()
```

```
c:¥zero-python¥c11>python kakikomi02.py

c:¥zero-python¥c11>
```

● 図11-14 リスト11-11の実行結果

特に何も表示されていませんが、プログラムを実行したフォルダ(ここではc:¥zero-python¥c11フォルダ)を確認すると、writesample2.txtが作成されています(**図11-15**)。

名前	更新日時	種類
sample	2018/05/27 17:28	ファイル フォルダー
arunashi01.py	2018/04/28 8:52	PY ファイル
kakikomi01.py	2018/04/28 8:52	PY ファイル
kakikomi02.py	2018/04/28 8:52	PY ファイル
kakikomi03.py	2018/04/28 8:52	PY ファイル
sample.txt	2018/04/28 8:52	TXT ファイル
writesample.txt	2018/06/04 20:18	TXT ファイル
writesample2.txt	2018/06/04 20:48	TXT ファイル
yomikomi01.py	2018/04/28 8:52	PY ファイル
yomikomi01_with.py	2018/05/27 17:25	PY ファイル
yomikomi02.py	2018/05/01 16:29	PY ファイル
yomikomi03.py	2018/05/01 16:32	PY ファイル

作成された

● **図11-15 リスト11-11実行後のフォルダ**

先ほど述べたようにwritelinesメソッドでは自動的に改行を付けないため、writesample2.txtでは、**リスト11-12**のように書き込まれています。

▼ **リスト11-12 書き込まれた例(writesample2.txt)**

```
01: abcdefefg
```

11-3-3 追加で書き込む

ファイルの元の内容を消さずに追加で書き込みたい場合は、ファイルを開く際に追加書き込みモード(表11-1参照)を指定します。

追加書き込みモードでは、同じ名前のファイルが存在する場合は、現在の内容の後ろに追加します。同じファイル名がない場合は新しくファイルを作ります。

先ほど作成されたwritesample.txtに「あいうえお」という文字列を追加で書き込んでみましょう。

リスト11-13を記述し、C:¥zero-python¥c11フォルダにkakikomi03.pyという名前で保存してください。実行結果は**図11-16**のとおりです。

▼ **リスト11-13 追加書き込みモードによる書き込み例(kakikomi03.py)**

```
01: f = open('writesample.txt', 'a', encoding='utf-8')
02: f.write('あいうえお')
03: f.close()
```

```
c:¥zero-python¥c11>python kakikomi03.py

c:¥zero-python¥c11>
```

● 図11-16　リスト11-13の実行結果

元の内容（リスト11-10）に「あいうえお」が追加で書き込まれていることが確認できました（**リスト11-14**）

▼ リスト11-14　書き込まれた例（writesample.txt）

```
01: abc
02: def
03: efgあいうえお
```

COLUMN

開いたファイルを自動的に閉じる方法

ファイルを開くプログラムを書く場合、closeメソッドをうっかり忘れてしまうことがあります。

ファイルの閉じ忘れを防ぐため、開いたファイルを自動的に閉じてくれるような書き方をwith文と言います。with文を使うとファイルオブジェクトを使う処理をすべてwith文の中に書くことで、開いたファイルを自動的に閉じてくれます。

▼ 書式：with文の書き方

with *open関数名* as *ファイルオブジェクト*:
　ファイルオブジェクトに対する処理

リスト11-5でopen()関数やcloseメソッドを使用している内容を、with文で書き直すと**リスト11-A**のようになります。

▼ リスト11-A　with文を使った例（yomikomi01_with.py）

```
01: with open('sample.txt', encoding='utf-8') as f:
02:     txt = f.read()
03:     print(txt)
```

with文のブロックが終了すると、open()関数で開いたファイルは自動的にcloseメソッドが呼ばれるので、毎回closeメソッドを書かなくても良くなります。

練習問題

問題1　生徒の名前とテストの点数が書かれているファイルを読み込んで表示するプログラムを作り、実行しましょう。

読み込むファイル：students.txt

● 内容

```
#名前,数学,英語,国語
丸山,64,98,79
三村,48,87,92
佐藤,100,40,65
古川,83,81,74
```

ファイル名　script11-1.py

● 実行結果

```
students.txtの内容を表示します

#名前,数学,英語,国語
丸山,64,98,79
三村,48,87,92
佐藤,100,40,65
古川,83,81,74
```

問題2　入力した生徒の情報を、students.txtに追記するプログラムを作り、実行しましょう。

ファイル名　script11-2.py

● 実行結果

```
生徒名を入力してください->深沢
数学の点数を入力してください->85
英語の点数を入力してください->63
国語の点数を入力してください->78

students.txtの内容

#名前,数学,英語,国語
丸山,64,98,79
三村,48,87,92
佐藤,100,40,65
```

```
古川,83,81,74
深沢,85,63,78
```

問題3　students.txtのファイルの内容を1行ずつ読み込み、それぞれの行をリストの要素にするプログラムを作り、実行しましょう。

ファイル名　script11-3.py

● 実行結果

```
students.txtの内容をリストに格納します
['#名前,数学,英語,国語
','丸山,64,98,79
','三村,48,87,92
','佐藤,100,40,65
','古川,83,81,74']
```

問題4　students.txtの3行目を読み込み、Chapter 8で作成したStudentクラスのインスタンスに変換し、show_detailメソッドを利用して表示するプログラムを作り、実行しましょう。

ファイル名　script11-4.py

補足事項

* 「,」で区切られた文字列を要素とするリストを作成するsplitメソッドを利用します。

● 例)

```
line = '佐藤,100,40,65'
sline = line.split(',')
→slineの内容は['佐藤', '100', '40', '65']です
```

● 実行結果

```
生徒名: 佐藤
数学: 100
英語: 40
国語: 65
```

CHAPTER

12

正規表現について学ぼう

ファイルの中から必要な文字だけ取り出したり、入力した値が指定されたパターンにあっているかをチェックする方法として、正規表現があります。ファイルや文字列を扱うプログラムではよく利用される方法ですので、しっかりと学びましょう。

12-1 正規表現を使おう

プログラムの中では文字列の処理が多く行われます。文字列型のメソッドでもさまざまな文字列処理ができますが、正規表現を使うとさらに複雑な文字列処理を行うことができます。Pythonでの正規表現を利用するポイントを学びましょう。

12-1-1 正規表現とは

数字を入力するはずの個所に「abc」などの文字を入れてしまった、ファイル名の一部しかわからないが、目的のファイルがどこにあるか検索したいなど、正しい入力であるかをチェックしたり、ファイルを検索したりするときに使うのが**正規表現**というパターンです。

正規表現の中でもよく使うパターンが存在します。簡単なパターンの組み合わせでチェックができますので、実際に試しながら確認していきましょう。

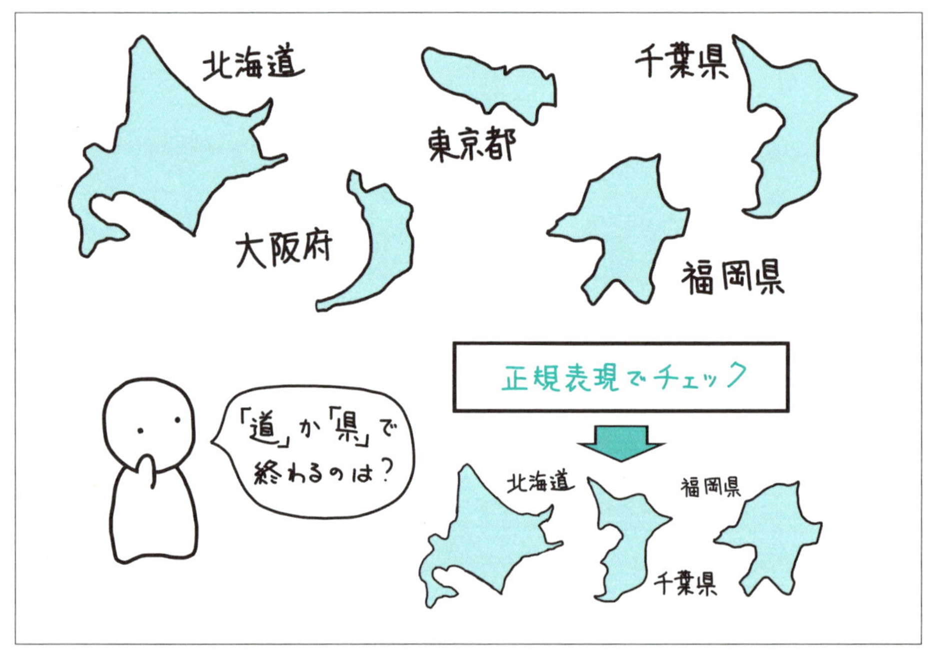

● 図12-1 正規表現

12-1-2 正規表現を使うためのモジュール

正規表現を実行するには、Pythonの標準モジュールである**reモジュール**を使います。このモジュールによって、パターンに当てはまったときに正規表現オブジェクトというインスタンスを取得できます。

reモジュールでよく使われる関数として**表12-1**に挙げるものがあります。

●表12-1 reモジュールでよく使われる関数

正規表現	説明
re.match(パターン, 検索文字列)	検索文字列を先頭から検索して、パターンに当てはまっているかを調べる
re.search(パターン, 検索文字列)	検索文字列の中でパターンに当てはまるものがあるかどうか調べる
re.split(パターン, 検索文字列)	検索文字列をパターンで区切って要素に入れたリストを作る
re.sub(パターン, 変換文字列, 検索文字列)	検索文字列の中でパターンに当てはまるものがあれば変換文字列に置き換える

12-1-3 パターンの書き方

正規表現を使って名前をチェックするパターンを書く場合は、**raw文字列**と呼ばれる文字列がよく使われます。

●書式：raw文字列の書き方

```
r'正規表現のパターン文字列'
```

正規表現でパターンを表す場合、「¥(macOSやLinuxでは「\(バックスラッシュ)」)」を使いますが、通常の文字列ではエスケープ文字として使われてしまいます。

raw文字列では、「¥(または\)」などの文字もそのまま文字として扱うため、パターンをそのまま書くことができます。

●先頭を表す「^」、末尾を表す「$」

まず、先頭文字と末尾文字を指定する正規表現について確認していきましょう。

●書式：先頭文字と末尾文字の指定方法

- **先頭文字**

  r'^*先頭文字*'

- **末尾文字**

  r'末尾文字$'

'abcde'が'a'からはじまるか調べる例として**リスト12-1**を記述し、C:¥zero-python¥c12フォルダにseiki01.pyという名前で保存してください。実行結果は**図12-2**のとおりです。

▼ **リスト12-1 先頭文字のチェック例（seiki01.py）**

```
01: import re
02: print(re.search(r'^a', 'abcde'))
```

```
c:¥zero-python¥c12>python seiki01.py
<_sre.SRE_Match object; span=(0, 1), match='a'>
```

● **図12-2 リスト12-1の実行結果**

同様に、'abcde'が'e'で終わっているか調べる例が**リスト12-2**です。実行結果は**図12-3**のとおりです。

▼ **リスト12-2 末尾文字のチェック例（seiki02.py）**

```
01: import re
02: print(re.search(r'e$', 'abcde'))
```

```
c:¥zero-python¥c12>python seiki02.py
<_sre.SRE_Match object; span=(4, 5), match='e'>
```

● **図12-3 リスト12-2の実行結果**

先ほど述べたように、正規表現を利用するにはreモジュールが必要になります。リスト12-1、リスト12-2とも1行目でモジュールのインポートを行っています。2行目では、search()関数を使ってパターンの検索を行っています。

図12-3の実行結果は、戻り値として正規表現オブジェクト（_sre.SRE_Match object）を返しています。正規表現オブジェクトの内容は、文字列「'abcde'」がパターン「r'e$'」に当てはまった内容を示しています。「span=(4, 5)」はパターンが見つかった場所のインデックス（先頭インデックス, 終了インデックス）を、「match='e'」はパターンに当てはまった具体的な文字列を表しています。

なお、パターンに当てはまらない場合は、search()関数やmatch()関数の結果は「None」になります（**リスト12-3**、**図12-4**）。

▼ **リスト12-3 パターンに当てはまらない場合の例（seiki03.py）**

```
01: import re
02: print(re.search(r'^A', 'abcde'))
```

```
c:¥zero-python¥c12>python seiki03.py
None
```

● **図12-4 リスト12-3の実行結果**

● 何か1文字を表す「.(ドット)」

「.」は、何か1文字という意味で使われます。たとえば、「r'^.....$'」とした場合は、何かの文字5文字分という意味になります(**リスト12-4**、**図12-5**)。

▼ リスト12-4　5文字であるかどうかチェックする例(seiki04.py)

```
01: import re
02: print(re.search(r'^.....$', 'abcde'))
03: print(re.search(r'^.....$', 'xyz'))
```

```
c:¥zero-python¥c12>python seiki04.py
<_sre.SRE_Match object; span=(0, 5), match='abcde'>
None
```

検索対象が5文字の場合

検索対象が3文字の場合

● 図12-5　リスト12-4の実行結果

COLUMN

数値やアルファベットなどでよく使われるパターン

数値やアルファベットなど、よく使われるものは「\(バックスラッシュ)」を使った簡単なパターンで用意されています(**表12-A**)。

● 表12-A　数値やアルファベットでよく使われるパターン

正規表現パターン	説明
\d	0～9の数字
\D	0～9の数字以外の文字
\w	Unicodeで表される文字列(例:アルファベット、数字、ひらがな、「_」など)
\W	\wに当てはまらないもの(例:「+」や「*」などの記号)

ただし、日本語環境のWindowsではバックスラッシュが「¥」になってしまうことや、Unicodeで表される文字列が多岐にわたることなどもあり、範囲指定で明確にした方が良いでしょう。

パターンの範囲

「先頭がabcのどれかであること」などの範囲を表す場合はパターンを[]でまとめ、すべての文字を書くか、「-」を使ってパターンの範囲を指定します。

たとえば、「先頭がabcのどれかであること」は、「r'^[abc]'」または「r'^[a-c]'」のように書きます（**リスト12-5**、**図12-6**）。

▼ **リスト12-5 当てはまる範囲をチェックする（seiki05.py）**

```
01: import re
02: print(re.search(r'^[abc]', 'abcde'))
03: print(re.search(r'^[abc]', 'defgh'))
```

```
c:¥zero-python¥c12>python seiki05.py
<_sre.SRE_Match object; span=(0, 1), match='a'> ―― 検索対象の先頭文字が「a」
None ―――――――――――――――――――――――― 検索対象の先頭文字が「d」
```

● **図12-6 リスト12-5の実行結果**

パターンの繰り返し

ここまでは1文字分のパターンでしたが、「数字4桁であること」などを表す場合、「r'^[0-9][0-9][0-9][0-9]$'」など書くと、とてもわかりづらくなります。

直前のパターンを繰り返すというパターンにおいては、**表12-2**の3つの書き方を利用します。

● **表12-2 パターンの繰り返し**

記号	説明
+	1回以上の繰り返し
*	0回以上の繰り返し
{回数}	回数分の繰り返し

パターンの繰り返しをチェックする例が**リスト12-6**です。実行結果は**図12-7**のとおりです。

▼ **リスト12-6 パターンの繰り返しをチェックする例（seiki06.py）**

```
01: import re
02:
03: print(re.search(r'^[0-9]{4}$', '1234'))
```

```
c:¥zero-python¥c12>python seiki06.py
<_sre.SRE_Match object; span=(0, 4), match='1234'>
```

● **図12-7 リスト12-6の実行結果**

リスト12-6の2行目にある「[0-9]」は0〜9までの数字を表すパターン（表12-1参照）です。「^[0-9]{4}$」で数字が4つ続くパターンという意味になります。

● 単語グループ

単語をチェックしたい場合や、パターンをグループとしてチェックしたい場合は、「r'(単語1|単語2)'」「r'(パターン1|パターン2)'」のように表します。

リスト12-7は文字列のチェック例（実行結果は**図12-8**）、**リスト12-8**は数字のチェック例（実行結果は**図12-9**）となります。

▼ リスト12-7　'abc'または'def'のどちらかであるかチェックする例（seiki07.py）

```
01: >>> print(re.search(r'^(abc|def)$', 'abc'))
02: <_sre.SRE_Match object; span=(0, 3), match='abc'>
```

```
c:¥zero-python¥c12>python seiki07.py
<_sre.SRE_Match object; span=(0, 3), match='abc'>
```

● 図12-8　リスト12-7の実行結果

▼ リスト12-8　数字4桁または数字3桁であるかチェックする例（seiki08.py）

```
01: import re
02: 
03: print(re.search(r'^([0-9]{4}|[0-9]{3})$', '123'))
```

```
c:¥zero-python¥c12>python seiki08.py
<_sre.SRE_Match object; span=(0, 3), match='123'>
```

● 図12-9　リスト12-8の実行結果

また、()でまとめてグループとして指定すると、正規表現オブジェクト.groupsメソッドを使うことでグループに当てはまる単語やパターンをタプルの要素として取り出すことができます（**リスト12-9**、**図12-10**）。

▼ リスト12-9　グループを取り出す例（seiki09.py）

```
01: import re
02: 
03: d = '2001/03/03'
04: mo = re.search(r'([0-9]{4})/([0-9]{2})/([0-9]{2})', '2001/03/03')
05: t = mo.groups()
06: print(t)
```

```
c:¥zero-python¥c12>python seiki09.py
('2001', '03', '03')
```

● 図12-10　リスト12-9の実行結果

12-1-4 パターン検索

パターンでの検索結果には、re.search()関数またはre.match()関数を使いますが、その結果は正規表現オブジェクト、もしくは「None」が返ってきます。そのため、パターン検索を行う場合は、if文と組み合わせて検索を行います。

if文においては、NoneはFalse、NoneでないものはTrueに当たります（**リスト12-10**、**図12-11**）。

▼ **リスト12-10 ifを使った検索結果の確認例（seiki10.py）**

```
01: import re
02: if re.match(r'abc.*$', 'abcd1234'):
03:     print('パターンに当てはまりました')
04: else:
05:     print('パターンに当てはまりません')
```

```
c:¥zero-python¥c12>python seiki10.py
パターンに当てはまりました
```

● **図12-11 リスト12-10の実行結果**

12-1-5 文字列の置換

文字列を置換するには、re.sub()関数を使います。re.sub()関数を使うと、置換を行った文字列が新しく作成されます。

リスト12-11では、'ab123cd456efg'の数字部分をすべて「*」に置き換えるプログラムです。実行結果は**図12-12**のとおりです。

▼ **リスト12-11 文字列置換の例（seiki11.py）**

```
01: import re
02:
03: result = re.sub(r'[0-9]', '*', 'ab123cd456efg')
04: print(result)
```

```
c:¥zero-python¥c12>python seiki11.py
ab123cd456efg
```

● **図12-12 リスト12-11の実行結果**

12-1-6 ファイルから検索する

ファイルから検索する場合は、ファイルの中身を読み込んでから検索していきます。

読み込み対象のファイルとして、**リスト12-12**のようなtest-result.txtを作成し、実行するPythonファイル（**リスト12-13**）と同じフォルダに配置します。

▼ **リスト12-12　読み込み対象のテキスト（test-result.txt）**

```
01: 佐藤, 英語:40点, 数学:50点, 国語:100点
02: 山田, 英語:20点, 数学:90点, 国語:60点
```

それぞれの数学の点数を検索して取り出してみましょう。数学の点数を表すパターンをグループにすると、「r'数学:([0-9])点'」になります（**図12-13**）。

▼ **リスト12-13　ファイルから数学の点数のみ取り出す例（seiki12.py）**

```
01: import re
02:
03: f = open('test-result.txt')
04: student = f.readline() ——— ファイルの1行目を読み込む
05: math = [] ——— 空のリストを作成
06: while student != '':
07:     mo = re.search(r'数学:([0-9]+)点', student) ——— 読み込んだ行から数学の点数をタプルで取得
08:     math += list(mo.groups())——— タプルをリストにしてmathリストの末尾に追加
09:     student = f.readline()
10: f.close()
11: print(math)
```

```
c:¥zero-python¥c12>python seiki12.py
['50', '90']
```

● **図12-13　リスト12-13の実行結果**

12-2 ファイル名を検索しよう

ファイル名を検索する際、正確なファイル名やパスがわかっている場合は、os.path.exists()関数などのosモジュールにある関数が使えます。
しかし、ファイル名の一部だけしかわかっていない場合や、特定の拡張子が付いたファイルを探す場合はどのようにしたら良いでしょうか。

12-2-1 ファイル名検索用モジュール

ファイル名があいまいな場合、**globモジュール**を検索で使います。globモジュールでは、「ワイルドカード」と「文字範囲」の2種類で検索ができます。

ワイルドカードとは、「*(アスタリスク)」などのワイルドカード文字を使って検索をする方法です。「*」は任意の文字列を示し、拡張子が「.txt」のファイルをすべて取り出したい場合は、「'*.txt'」のように指定します。

正規表現そのものは使えませんが、数字の場合は[0-9]のように正規表現と同じような文字範囲の指定が使えます。たとえば、ファイル名が数字で終わるすべての拡張子のファイルを取り出したい場合は、「'*[0-9].*'」のように指定します。

12-2-2 指定フォルダでの検索

指定したフォルダ内で検索を行うには、glob.glob()関数を使います。ワイルドカードや文字範囲を含んだパスを指定すると、ファイルの一覧がリストで取得できます。

スクリプトを実行したフォルダで、拡張子が.txtとなるすべてのファイルを取り出すには、ワイルドカードを使って指定します(**リスト12-14**、**図12-14**)。

▼ リスト12-14 ワイルドカードを使った検索(相対パス、seiki13.py)

```
01: import glob
02: 
03: flst = glob.glob('*.txt')
04: print(flst)
```

```
c:¥zero-python¥c12>python seiki13.py
['test-result.txt']
```

● 図12-14 リスト12-14の実行結果

また、相対パスの代わりに絶対パスを使うこともできます(**リスト12-15**、**図12-15**)。

▼ リスト12-15　ワイルドカードを使った検索（絶対パス、seiki14.py）

```
01: import glob
02: 
03: flst = glob.glob(r'C:¥zero-python¥c12¥*.txt')
04: print(flst)
```

```
c:¥zero-python¥c12>python seiki14.py
['C:¥¥zero-python¥¥c12¥¥test-result.txt']
```

● 図12-15　リスト12-15の実行結果

さらに、フォルダ名をワイルドカードや文字範囲で指定することもできます（リスト12-16、図12-16）。

▼ リスト12-16　フォルダ名をワイルドカードにした例（seiki15.py）

```
01: import glob
02: 
03: flst = glob.glob(r'C:¥zero-python¥c12¥*¥*.txt')
04: print(flst)
```

```
c:¥zero-python¥c12>python seiki15.py
['C:¥¥zero-python¥¥c12¥¥sub01¥¥aaa.txt']
```

● 図12-16　リスト12-16の実行結果

COLUMN

「\(バックスラッシュ)」と「¥」

正規表現やエスケープ文字で使われている「\（バックスラッシュ）」ですが、日本語環境のWindowsでは「¥」と表示されていることが多いです。これは、日本語の環境で文字化けを起こしているために起こります。Windowsのパスの区切り文字として使われている「¥」も、実は「\」です。

ただし、macOSやLinuxの環境では文字化けが起こらず、「¥」と「\」は別物として扱われるため、macOSで作成したファイルをWindowsで利用する場合などは、リスト12-Aのようにosモジュールなどを利用しなければ正しい結果を得られません。

▼ リスト12-A　リスト12-15を「¥」と「\」で区別した例

```
01: import os, glob
02: 
03: pstr = r'C:¥zero-python¥c12¥*.txt'
04: winstr = pstr.replace(r'¥', os.sep)
05: flst = glob.glob(winstr)
06: print(flst)
```

12-2-3 サブフォルダの検索

フォルダ名をワイルドカードにすることで、フォルダの下にあるフォルダ(サブフォルダ)の検索をすることができましたが、ワイルドカードの場合はサブフォルダの下にさらにフォルダがある場合、全部のフォルダを検索できません。

図12-17のsub01フォルダの中にあるすべてのファイルを取り出したい場合は、「**」と「recursive=True」の指定を行います(リスト12-17、図12-18)。

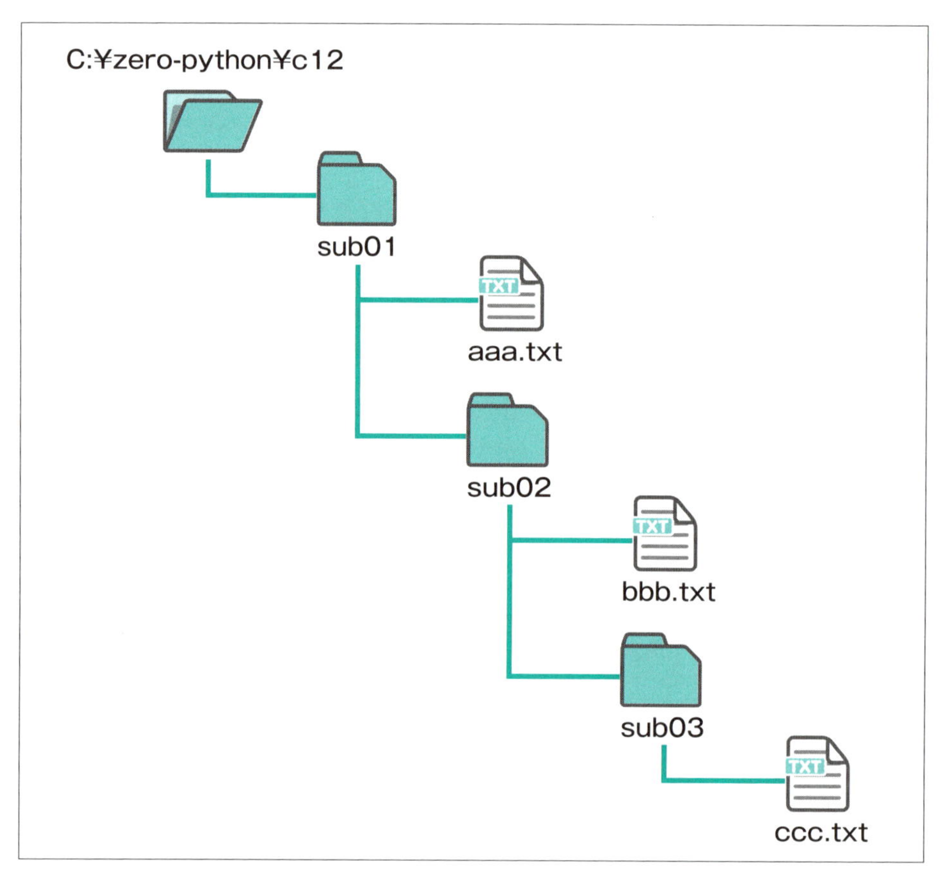

● 図12-17 c12フォルダの構成

▼ リスト12-17 サブフォルダの検索例(seiki16.py)

```
01: import glob
02:
03: flst = glob.glob(r'C:¥zero-python¥c12¥sub01¥**¥*.txt', recursive=True)
04: print(flst)
```

```
c:¥zero-python¥c12>python seiki16.py
['C:¥¥zero-python¥¥c12¥¥sub01¥¥aaa.txt', 'C:¥¥zero-python¥¥c12¥¥sub01¥¥sub02¥¥bbb
.txt', 'C:¥¥zero-python¥¥c12¥¥sub01¥¥sub02¥¥sub03¥¥ccc.txt']
```

● 図12-18 リスト12-17の実行結果

練習問題

問題1　正規表現を使って、入力された値が携帯電話の番号表記方法であるかどうかをチェックするプログラムを作成し、実行しましょう。

ファイル名　script12-1.py

補足事項

- 000-0000-0000のような3桁-4桁-4桁のハイフン区切りとなるようにする
- 初めの3桁は0から始まり、0で終わる数とする（例：090、010）
- 次の4桁は、0で始まってはいけない（例：0123はNG）
- 最後の4桁は、どのような数を利用してもよい

● 実行結果

（正しいパターンの場合）

```
携帯番号を入力してください->090-1234-5678
正しい入力です
```

（パターンに当てはまらない場合）

```
携帯番号を入力してください->123-4567-8901
入力に誤りがあります
```

問題2　Chapter 11の問題3で、「#」から始まる場合は無視するように正規表現でのチェックを追加して、実行しましょう。

ファイル名　script12-2.py

● 実行結果

```
students.txtの内容をリストに格納します
['丸山,64,98,79
','三村,48,87,92
','佐藤,100,40,65
','古川,83,81,74']
```

問題3 **文字列から正規表現のグループを使って値を受け取り、Chapter 8の問題2で作成したStudentクラスのインスタンスに変換するプログラムを作成し、実行しましょう。**

ファイル名　script12-3.py

補足事項

・利用する文字列は、以下の内容とする。

```
'name:佐藤,math:100,english:40,japanese:65'
```

・インスタンスに変換した後、show_detailメソッドで内容を表示させる。

● 実行結果

```
生徒名: 佐藤
数学: 100
英語: 40
国語: 65
```

CHAPTER

13

エラーの対処方法を学ぼう

今まではプログラムの実行途中でエラーが発生した場合、プログラムが途中で終了してしまいました。エラーの時でもプログラムが止まらない方法や、エラーの種類によって処理を変える方法を学びましょう。

13-1 例外について学ぼう

プログラムがある処理を実行している途中で何かエラーが発生した場合、現在の処理を中断して別の処理を行うことがあります。これまでは、エラーが発生するとエラーの表示を行ってプログラムを止める、というPythonの機能に任せていました。本Chpaterでは、自分でエラーの処理を行う方法を学びましょう。

13-1-1 例外とは

プログラムの処理を中断しなければいけない原因（エラー）のことを、Pythonでは**例外**（Exception）と言います。Pythonでは、この例外がさまざまなパターンで用意されています。

たとえば、コンピュータのプログラムでは、0で割り算をした場合エラーになります。Windows 10の付属電卓で「5 ÷ 0」の計算を行うと、図13-1のようなエラーが発生します。

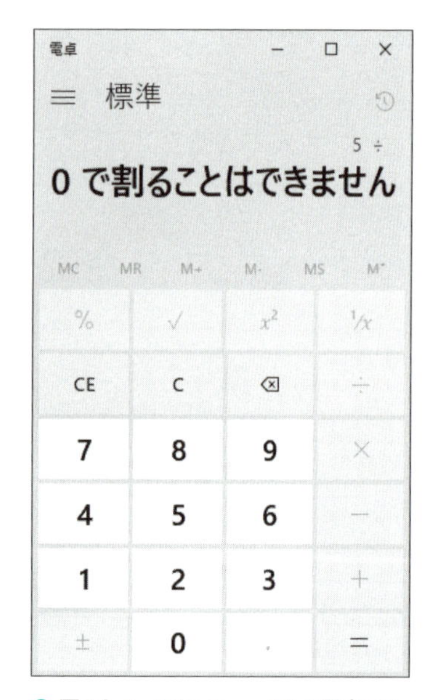

● 図13-1　Windows 10の電卓エラー

13-1-2 例外の例

Pythonでも、同じように0の割り算を行うとエラーが発生します。このときに発生する例外は、ZeroDivisionErrorという例外クラスのインスタンスになります。

途中で処理が中断するプログラムとして**リスト13-1**を記述し、C:¥zero-python¥c13フォルダにreigai01.pyという名前で保存してください。実行結果は**図13-2**のとおりです。

▼ **リスト13-1　途中でエラーになるプログラム例（reigai01.py）**

```
01: print('計算をはじめます')
02: result = 5 / 0
03: print(result)
04: print('計算を終了します')
```

```
c:¥zero-python¥c13>python reigai01.py
計算をはじめます ―――― 1行目は正常に処理されている
Traceback (most recent call last):
  File "reigai01.py", line 2, in <module> ― 2行目でエラーが発生
    result = 5 / 0
ZeroDivisionError: division by zero ―― ZeroDivisionErrorという例外が発生
```

● **図13-2　リスト13-1の実行結果**

図13-2では、リスト13-1の1行目は正常に実行されていますが、2行目でZeroDivisionErrorが発生し、3行目以降の処理が実行されていません。

このように、エラーによってプログラムが途中で終了するのをできるだけ発生しないようにする必要が出てきます。

以降では、その対策となる例外に対応するための処理について学んでいきましょう。

COLUMN

Pythonで用意されている例外クラス

Pythonでは、13-1-1で説明があったように、さまざまなエラー（図13-A）に対応する例外クラスが標準で用意されています。

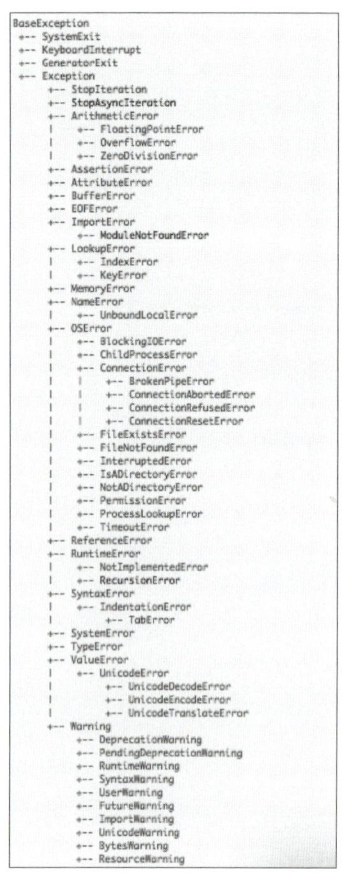

```
BaseException
 +-- SystemExit
 +-- KeyboardInterrupt
 +-- GeneratorExit
 +-- Exception
      +-- StopIteration
      +-- StopAsyncIteration
      +-- ArithmeticError
      |    +-- FloatingPointError
      |    +-- OverflowError
      |    +-- ZeroDivisionError
      +-- AssertionError
      +-- AttributeError
      +-- BufferError
      +-- EOFError
      +-- ImportError
           +-- ModuleNotFoundError
      +-- LookupError
      |    +-- IndexError
      |    +-- KeyError
      +-- MemoryError
      +-- NameError
      |    +-- UnboundLocalError
      +-- OSError
      |    +-- BlockingIOError
      |    +-- ChildProcessError
      |    +-- ConnectionError
      |    |    +-- BrokenPipeError
      |    |    +-- ConnectionAbortedError
      |    |    +-- ConnectionRefusedError
      |    |    +-- ConnectionResetError
      |    +-- FileExistsError
      |    +-- FileNotFoundError
      |    +-- InterruptedError
      |    +-- IsADirectoryError
      |    +-- NotADirectoryError
      |    +-- PermissionError
      |    +-- ProcessLookupError
      |    +-- TimeoutError
      +-- ReferenceError
      +-- RuntimeError
      |    +-- NotImplementedError
      |    +-- RecursionError
      +-- SyntaxError
      |    +-- IndentationError
      |         +-- TabError
      +-- SystemError
      +-- TypeError
      +-- ValueError
      |    +-- UnicodeError
      |         +-- UnicodeDecodeError
      |         +-- UnicodeEncodeError
      |         +-- UnicodeTranslateError
      +-- Warning
           +-- DeprecationWarning
           +-- PendingDeprecationWarning
           +-- RuntimeWarning
           +-- SyntaxWarning
           +-- UserWarning
           +-- FutureWarning
           +-- ImportWarning
           +-- UnicodeWarning
           +-- BytesWarning
           +-- ResourceWarning
```

●図13-A　Pythonにおけるエラー一覧

すべての例外クラスを暗記する必要はありませんが、以下に挙げる主な例外は覚えておいてもよいでしょう。

・「Exception」……すべての例外クラスのもととなる
・「ValueError」……値の内容についての例外
・「TypeError」……値の型についての例外

13-2 関数やメソッドの内部で例外を処理しよう

例外処理には、関数やメソッド、実行しているスクリプトの内部で例外の対応を行う方法と、関数やメソッドを呼び出した側で処理を行う2つの方法(13-3参照)があります。ここでは前者のスクリプト内部で例外処理を行う方法について解説します。

13-2-1 例外が発生した場合の処理 (try-except)

● 例外が発生するケース

リスト13-2は、入力した整数の範囲をチェックするプログラムです。

▼ リスト13-2 入力した整数の範囲をチェックする例 (reigai02.py)

```
01: a = int(input('整数を入力してください->'))
02: if a < 0 or a >= 10:
03:     print('aは0より小さい、または10以上です')
04: else:
05:     print('aは0以上10未満です')
```

値の入力を求められた際、図13-3のように整数を入力すれば、プログラムは正常に処理されます。しかし、図13-4のように整数以外を入力した場合は、リスト13-2の1行目の文字を整数に変換する際に、ValueErrorという例外が発生しています。

```
c:¥zero-python¥c13>python reigai02.py
整数を入力してください->12
aは0より小さい、または10以上です
```

● 図13-3 リスト13-2の実行結果 (その1)

```
c:¥zero-python¥c13>python reigai02.py
整数を入力してください->reigai
Traceback (most recent call last):
  File "reigai02.py", line 1, in <module>
    a = int(input('整数を入力してください->'))
ValueError: invalid literal for int() with base 10: 'reigai'
```

● 図13-4 リスト13-2の実行結果 (その2)

このように、本来は想定していない値が入力されることは十分にありえます。そこで「例外が発生したときの処理」をあらかじめ入れておき、できるだけエラーで中断しないプログラムにしなければなりません。

例外をキャッチする

「**try-except**」は、例外が発生しそうな場所をあらかじめチェックし、例外を捕まえる（キャッチする）という処理で使います。

書式：try-exceptの書き方

```
try:
    例外が発生する可能性がある処理
except:
    例外が発生したら行う処理
```

リスト13-2に、例外が発生しそうな個所をtryブロックの中、例外が発生した場合の処理をexceptブロックに書いたのが**リスト13-3**です。実行結果は**図13-5**のとおりです。

▼リスト13-3　リスト13-2にtry-except処理を追加した例（reigai03.py）

```
01: try:
02:     a = int(input('整数を入力してください->'))
03:     if a < 0 or a >= 10:
04:         print('aは0より小さい、または10以上です')
05:     else:
06:         print('aは0以上10未満です')
07: except:
08:     print('整数を入力しないといけません')
```

```
c:¥zero-python¥c13>python reigai03.py
整数を入力してください->389
aは0より小さい、または10以上です

c:¥zero-python¥c13>python reigai03.py
整数を入力してください->reigai
整数を入力しないといけません
```

図13-5　リスト13-3の実行結果

図13-5で整数を入力しても整数以外を入力しても、それぞれ結果が出力され、正しく終了していることが確認できました。

13-2-2 例外が発生した場合と発生しなかった場合の処理 (try-except-else)

「try-except-else」は、例外が発生した場合と、例外が発生しなかった場合で、処理を切り替えるときに使います。

● 書式：try-except-elseの書き方

```
try:
    例外が発生する可能性がある処理
except:
    例外が発生したら行う処理
else:
    例外が発生しなかったら行う処理
```

リスト13-2をtry-except-elseで書き直したのが**リスト13-4**です。実行結果は**図13-6**のとおりです。

▼ リスト13-4　リスト13-2をtry-except-elseで書き直した例 (reigai04.py)

```
01: try:
02:     a = int(input('整数を入力してください->'))
03: except:
04:     print('整数を入力しないといけません')
05: else:
06:     if a < 0 or a >= 10:
07:         print('aは0より小さい、または10以上です')
08:     else:
09:         print('aは0以上10未満です')
```

```
c:¥zero-python¥c13>python reigai04.py
整数を入力してください->389
aは0より小さい、または10以上です

c:¥zero-python¥c13>python reigai04.py
整数を入力してください->reigai
整数を入力しないといけません
```

● 図13-6　リスト13-4の実行結果

リスト13-3と実行結果は同じですが、例外が発生した場合と例外が発生しない場合で、処理の違いがわかりやすく書かれています。

13-2-3 例外の種類による処理（複数のexceptブロック）

例外によって処理を変更する

exceptブロックには、例外が発生した場合に行う処理を書きますが、例外が発生した際にすべて同じ処理が行われることになります。

たとえば、**リスト13-5**のように入力した数で100を割るプログラムを作ってみましょう。

▼ リスト13-5　入力した数で100を割る（reigai05.py）

```
01: try:
02:     a = int(input('整数を入力してください->'))
03:     result = 100 / a
04: except:
05:     print('整数を入力しないといけません')
06: else:
07:     print(result)
```

整数の入力を求められたら、「0」を入力してください（**図13-7**）。

```
c:¥zero-python¥c13>python reigai05.py
整数を入力してください->0
整数を入力しないといけません
```

● 図13-7　リスト13-5の実行結果

「0」と整数を入力したのに、「整数を入力しないといけません」と合わないエラーメッセージが出力されました。

int()関数を使った場合、整数に変換できない文字はValueError、0で割り算を行われるとZeroDivisionErrorという例外が発生します。

それぞれの例外によって処理を変えたい場合は、exceptの後ろにそれぞれの例外クラスを追加します（**リスト13-6**）。実行結果は**図13-8**のとおりです。

▼ リスト13-6　例外によって処理を変更する例（reigai06.py）

```
01: try:
02:     a = int(input('整数を入力してください->'))
03:     result = 100 / a
04: except ValueError:
05:     print('整数を入力しないといけません')
06: except ZeroDivisionError:
07:     print('0で割り算してはいけません')
08: else:
09:     print(result)
```

```
c:¥zero-python¥c13>python reigai06.py
整数を入力してください->test
整数を入力しないといけません

c:¥zero-python¥c13>python reigai06.py
整数を入力してください->0
0で割り算してはいけません
```

● 図13-8 リスト13-6の実行結果

それぞれの例外に則して出力されていることが確認できました。

● 複数の例外で同じ処理を行う

リスト13-7では、例外エラーによって出力を変えていましたが、複数の例外を組み合わせて、同じ処理を行うこともできます。

実装する場合は、exceptの後ろに追加する例外クラスをタプルで指定します(**リスト13-7**)。実行結果は**図13-9**のとおりです。

▼ リスト13-7 複数の例外で同じ処理を行う例(reigai07.py)

```
01: try:
02:     a = int(input('整数を入力してください->'))
03:     result = 100 / a
04: except (ValueError, ZeroDivisionError):
05:     print('入力値に誤りがあります')
06: else:
07:     print(result)
```

```
c:¥zero-python¥c13>python reigai07.py
整数を入力してください->test
入力値に誤りがあります

c:¥zero-python¥c13>python reigai07.py
整数を入力してください->0
入力値に誤りがあります
```

● 図13-9 リスト13-7の実行結果

リスト13-8の4行目で例外をまとめたことによって、整数以外を入力しても、0を入力しても、「入力値に誤りがあります」というエラーになりました。

例外をインスタンスとして使う

asは別名を付けるという意味で、Pythonでは変数に代入することと同じように使います。

exceptで使用する場合は、キャッチした例外のインスタンスを変数に代入していることになります。(リスト13-8、図13-10)。

▼ リスト13-8 例外インスタンスを取得する例(reigai08.py)

```
01: try:
02:     a = int(input('整数を入力してください->'))
03:     result = 100 / a
04: except ValueError as ve:
05:     print('整数を入力しないといけません')
06:     print(ve)
07: except ZeroDivisionError as zde:
08:     print('0で割り算してはいけません')
09:     print(zde)
10: else:
11:     print(result)
```

```
c:¥zero-python¥c13>python reigai08.py
整数を入力してください->test
整数を入力しないといけません
invalid literal for int() with base 10: 'test'

c:¥zero-python¥c13>python reigai08.py
整数を入力してください->50
2.0
```

● 図13-10 リスト13-8の実行結果

図13-10で「invalid literal……」とありますが、これはリスト13-8の4行目でasによってValueErrorのインスタンスがveという変数に代入され、print()関数を使った内容が6行目で出力されたものです。

13-2-4 常に行う処理（try-finally）

例外が発生した場合でも、例外が発生しなかった場合でも、必ず行いたいという処理があります。たとえば、Chapter 11で扱ったファイルの処理で、開いたファイルは必ず閉じなければならない、などです。

このような必ず行う処理は、finallyというブロックに書いていきます（リスト13-9、図13-11）。

▼ リスト13-9　常に行う処理の例（reigai09.py）

```
01: try:
02:     a = int(input('整数を入力してください->'))
03:     result = 100 / a
04: except ValueError as ve:
05:     print('整数を入力しないといけません')
06:     print(ve)
07: except ZeroDivisionError as zde:
08:     print('0で割り算してはいけません')
09:     print(zde)
10: else:
11:     print(result)
12: finally:
13:     print('プログラムが終わりました')
```

```
c:¥zero-python¥c13>python reigai09.py
整数を入力してください->test
整数を入力しないといけません
invalid literal for int() with base 10: 'test'
プログラムが終わりました

c:¥zero-python¥c13>python reigai09.py
整数を入力してください->50
2.0
プログラムが終わりました
```

● 図13-11　リスト13-9の実行結果

プログラムが正常に実行されていても、例外になっていても「プログラムが終わりました」が出力されていることがわかります。

13-3 関数やメソッドを呼び出した側で例外を処理しよう

これまでは、スクリプトの内部で例外の対応を行う方法について解説しましたが、ここでは関数やメソッドを呼び出した側で例外処理を行う方法について解説します。

13-3-1 関数の中で例外が発生した場合

関数の中で例外が発生した場合を考えてみましょう（図13-12）。

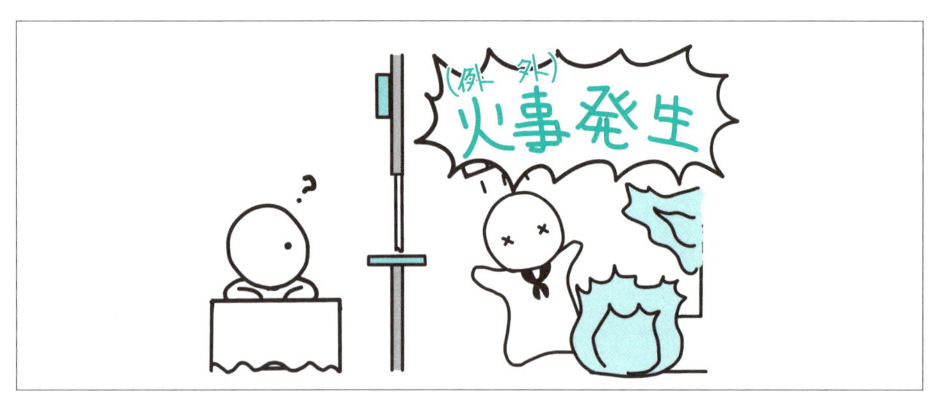

● 図13-12　例外の発生

関数の内部でtry-except（13-2-1 参照）を使って例外を処理すると、関数を呼び出した側では例外が発生したかどうかわかりません（図13-13）。

● 図13-13　例外が起こっていることがわからない

例外が発生した時は呼び出した側に入力し直してほしい時などの場合は例外が発生したことを知る必要があります。

そのため、関数やメソッドの中で発生した例外をそのまま呼び出した側に渡したり、新しく例外のインスタンスを作って送ったりすることができます。これが**raise**です（図13-14）。

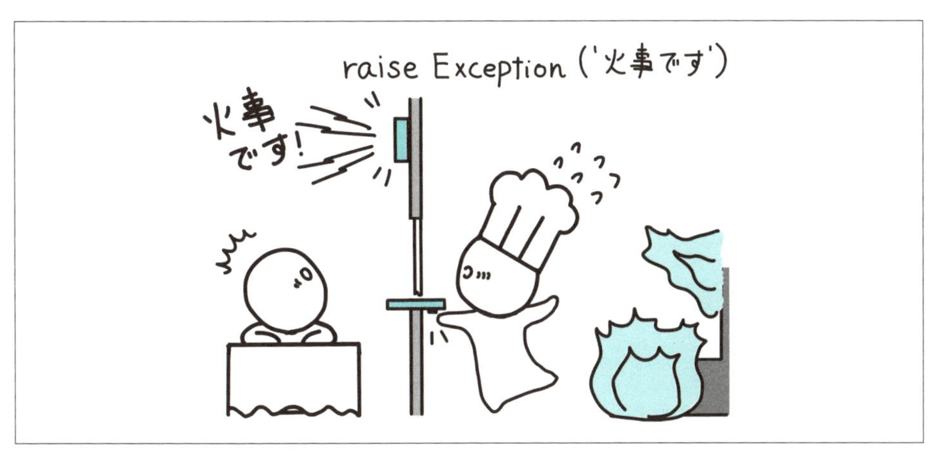

● 図13-14　raiseを使うと他にも伝わる

13-3-2 発生した例外をそのまま渡す

例外をそのままの状態で渡したい場合は、exceptブロックの最後にraiseと書くことで、関数やメソッドを呼び出した側にそのまま例外が送られます（リスト13-10、図13-15）。

▼ リスト13-10　呼び出した側に例外をそのまま渡す例（reigai10.py）

```
01: def calc(x, y):
02:     try:
03:         result = x / y
04:     except:
05:         print('calc()関数で例外が発生しました')
06:         raise
07:
08:
09: try:
10:     calc(3,0)
11: except ZeroDivisionError:
12:     print('ゼロで割り算してはいけません')
```

```
c:¥zero-python¥c13>python reigai10.py
calc()関数で例外が発生しました
ゼロで割り算してはいけません
```

● 図13-15　リスト13-10の実行結果

10行目でcalc()関数を呼び出していますが、割る数(y)に0が代入されています。この場合、calc()関数の中で例外が発生しますが、6行目でraiseを行なっています。

そのため、calc()関数の内部だけでなく11行目に例外が発生したことが呼び出した側へ伝わり、12行目で例外発生時の処理を行っています。

13-3-3 例外を新しく発生させる

新しく例外を発生させて呼び出した側に返したい場合は、例外クラス(Exception)のインスタンスを生成してraiseを使います(**リスト13-11、図13-16**)。

▼ リスト13-11 新しく例外インスタンスを生成して呼び出し側に渡す例(reigai11.py)

```
01: def calc2(x, y):
02:     if y != 0:
03:         return x / y
04:     else:
05:         raise Exception('ゼロで割り算してはいけません')
06: 
07: try:
08:     calc2(3,0)
09: except Exception as e:
10:     print(e)
```

```
c:¥zero-python¥c13>python reigai11.py
ゼロで割り算してはいけません
```

● 図13-16 リスト13-11の実行結果

リスト13-10の場合は発生したZeroDivisionErrorがそのまま呼び出した側に伝わっています。

リスト13-11の場合は、新しく5行目で作成したExceptionインスタンスを9行目に伝えています。

練習問題

問題1 **Chapter 7で作成した、3つの引数を受け取って合計値と平均値を表示する関数を実行するプログラムを、整数以外が入力された場合は「整数を入力してください」と表示して再度入力させるように修正しましょう。エラー処理は関数ではなく、呼び出し側のみに設定してください。**

ファイル名　script13-1.py

関数名　print_score()

- 引数
  - x　整数1
  - y　整数2
  - z　整数3

● 実行結果

```
整数1を入力してください->4
整数2を入力してください->3
整数3を入力してください->5
合計値： 12.0
平均値： 4.0
```

(整数以外が入力された場合)

```
整数1を入力してください->a
整数以外が入力されました
整数1を入力してください->3
整数2を入力してください->b
整数以外が入力されました
整数2を入力してください->4
……
```

問題2　**問題1で作成したプログラムに、入力された文字が整数であることを確認する関数を追加しましょう。入力された文字が整数でなかった場合、発生した例外をそのまま呼び出し側に渡すような関数にしてください。**

ファイル名　script13-1.py

関数名　check_number()

・引数　　num_str　整数を表す文字列

・戻り値　引数をint()関数で整数に変換した値

● 実行結果

```
整数1を入力してください->4
整数2を入力してください->3
整数3を入力してください->5
合計値： 12.0
平均値： 4.0
```

(整数以外が入力された場合)

```
整数1を入力してください->a
整数以外が入力されました
整数1を入力してください->3
整数2を入力してください->b
整数以外が入力されました
整数2を入力してください->4
……
```

索引

O～W

あ行

か行

さ行

た行

は行

や行・ら行・わ行

著者紹介

佐藤　美登利（さとう　みどり）

学生時代から文系一筋だったが、就職氷河期のあおりを受けてなぜかIT企業に就職。周囲からは「教育学部なのになぜ……」と言われ続けていたものの、気づくと社内の教育担当やらIT講師としての仕事が増えていき、今では講師が専門に。

現在はPython、Javaなどのプログラミング研修の講師として㈱フルネスにて従事。

● 著者近影

デザイン・装丁 ● 吉村 朋子
本文イラスト ● 佐藤 美登利
レイアウト ● 技術評論社 制作業務部
編集 ● 春原 正彦

■サポートホームページ
本書の内容について、弊社ホームページでサポート情報を公開しています。
https://gihyo.jp/book/

ゼロからわかる Python(パイソン)超入門(ちょうにゅうもん)

2018年 7月 7日 初 版 第 1 刷発行
2021年 9月 4日 初 版 第 2 刷発行

著 者 佐藤(さとう) 美登利(みどり)
発行者 片岡 巌
発行所 株式会社技術評論社
東京都新宿区市谷左内町21-13
電話 03-3513-6150 販売促進部
03-3513-6160 書籍編集部
製本/印刷 図書印刷株式会社

定価はカバーに印刷してあります

ISBN978-4-7741-9830-9 C3055
Printed in Japan

■お問い合わせについて
ご質問は本書の記載内容に関するものに限定させていただきます。本書の内容と関係のない事項、個別のケースへの対応、プログラムの改造や改良などに関するご質問には一切お答えできません。なお、電話でのご質問は受け付けておりませんので、FAX・書面・弊社Webサイトの質問用フォームのいずれかをご利用ください。ご質問の際には書名・該当ページ・返信先・ご質問内容を明記していただくようお願いします。
ご質問にはできる限り迅速に回答するよう努力しておりますが、内容によっては回答までに日数を要する場合があります。回答の期日や時間を指定しても、ご希望に沿えるとは限りませんので、あらかじめご了承ください。

●問い合わせ先
〒162-0846 東京都新宿区市谷左内町21-13
株式会社技術評論社 書籍編集部
「ゼロからわかるPython超入門」質問係
FAX番号 03-3513-6167

なお、ご質問の際に記載いただいた個人情報は、ご質問の返答以外の目的には使用いたしません。また、返答後は速やかに破棄させていただきます。

付録　解答・解説

・この解答・解説集は、Chapter 1～13の各章末の練習問題の解答です。
・薄く糊付けしてありますが、本書から取り外して使用することが可能です。

Chapter 1　練習問題　P.30

問題1

解答例

●Windowsの場合

```
>mkdir C:¥zero-python¥test2
>mkdir C:¥zero-python¥test3
```

●macOS、Linuxの場合

```
$ mkdir ~/zero-python/test2
$ mkdir ~/zero-python/test3
```

問題2

解答例

●Windowsの場合（カレントフォルダがC:¥Users¥p-user）

```
C:¥Users¥p-user>cd ..¥..¥zero-python¥test2
```

●macOS、Linuxの場合（カレントフォルダが~/）

```
$ cd zero-python/test2
```

問題3

解答例

●Windowsの場合

```
C:¥zero-python¥test2>cd ..¥test3
```

●macOS、Linuxの場合

```
$ cd ../test3
```

Chapter 2　練習問題　P.40

問題1

解答例

```
>>> 1 + 2
3
>>> 5 - 9
-4
>>> 4 * 2 * 3.14
25.12
>>> 8 / 3
2.6666666666666665
>>> 5 + 6 * 2
17
>>> 4 / 1.5
2.6666666666666665
```

問題2

解答例

```
>>> print('Pythonの勉強をはじめます')
Pythonの勉強をはじめます
```

問題3

解答例

①以下の内容を記述したscript01.pyを作成して保存します。

```
01: print('Pythonの勉強をはじめます')
```

②pythonコマンドでscript01.pyを実行します（C:¥zero-pythonに保存した場合）。

```
c:¥zero-python>python script01.py
Pythonの勉強をはじめます
```

Chapter 3　練習問題　P.62

問題1

解答例

```
01: print(type(1 + 2))
02: print(type(4 * 2 * 3.14))
03: print(type(8 / 3))
04: print(type(8 // 3))
05: print(type('1 + 2'))
06: print(type('Hello' + '3'))
```

```
07: print(type(True))
08: print(type('False'))
```

解答例

実行すると、以下のような結果となります。

```
<class 'int'>
<class 'float'>
<class 'float'>
<class 'int'>
<class 'str'>
<class 'str'>
<class 'bool'>
<class 'str'>
```

問題2

解答例

```
01: name1 = input('姓を入力してください->')
02: name2 = input('名を入力してください->')
03:
04: print(name1 + name2)
```

問題3

解答例

```
01: str1 = input('整数1を入力してください->')
02: str2 = input('整数2を入力してください->')
03: num1 = int(str1)
04: num2 = int(str2)
05:
06: print(str1 + ' + ' + str2 + ' = ' + str(num1 + num2))
07: print(str1 + ' - ' + str2 + ' = ' + str(num1 - num2))
```

Chapter 4 練習問題 P.81

問題1

解答例

```
01: num1 = int(input('整数を入力してください->'))
02:
03: if num1 > 0:
04:     print('正の数です')
05: elif num1 < 0:
06:     print('負の数です')
07: elif num1 == 0:
08:     print('0です')
```

問題2

解答例

```
01: num1 = float(input('数字1を入力してください->'))
02: num2 = float(input('数字2を入力してください->'))
03:
04: if num1 > num2:
05:     print('数字1は数字2より大きい')
06: elif num1 < num2:
07:     print('数字2が数字1より大きい')
08: elif num1 == num2:
09:     print('数字1と数字2は同じ数')
```

問題3

解答例

```
01: hour = int(input('今何時ですか？->'))
02:
03: if 6 <= hour <= 10:
04:     print('おはようございます')
05: elif 11 <= hour <= 15:
06:     print('こんにちは')
07: elif 16 <= hour <= 23 or 0 <= hour <= 5:
08:     print('こんばんは')
09: elif hour < 0 or hour >= 24:
10:     print('0から23までの数字を入力してください')
```

Chapter 5　練習問題　P.111

問題1

解答例

```
01: scores = [100, 64, 48, 83]
02: print('scores ', scores)
```

問題2

解答例

```
01: scores = [100, 64, 48, 83]
02: print('scores', scores)
03:
04: score_sum = scores[0] + scores[1] + scores[2] + scores[3]
05: score_ave = score_sum / 4
06:
07: print('合計：', score_sum)
08: print('平均：', score_ave)
```

問題3

解答例

```
01: 解答例1（delを利用）
02: scores = [100, 64, 48, 83]
03: print('削除前', scores)
04: del scores[0]
05: print('削除後', scores)
06:
07:
08: 解答例2（popを利用）
09: scores = [100, 64, 48, 83]
10: print('削除前', scores)
11: scores.pop(0)
12: print('削除後', scores)
13:
14:
15: 解答例3（スライスを利用）
16: scores = [100, 64, 48, 83]
17: print('削除前', scores)
18: scores2 = scores[1:]
19: print('削除後', scores2)
```

問題4

解答例

```
01: students = {'佐藤': 100, '丸山': 64, '三村': 48, '古川': 83}
02:
03: print('students', students)
```

問題5

解答例

```
01: students = {'佐藤': {'math': 100, 'english': 40, 'japanese': 65}, '丸山':
    {'math': 64, 'english': 98, 'japanese': 79},
02:             '三村': {'math': 48, 'english': 87, 'japanese': 92}, '古川':
    {'math': 83, 'english': 81, 'japanese': 74}}
03:
04: print('students', students)
```

問題6

解答例

```
01: students = {'佐藤': {'math': 100, 'english': 40, 'japanese': 65}, '丸山':
    {'math': 64, 'english': 98, 'japanese': 79},
02:             '三村': {'math': 48, 'english': 87, 'japanese': 92}, '古川':
    {'math': 83, 'english': 81, 'japanese': 74}}
03:
04: name = input('生徒の名前を入力してください->')
```

続く➡

```
05: if name in students:
06:     print(students[name])
07: else:
08:     print('存在しません')
```

Chapter 6 練習問題 P.126

問題1

解答例

```
01: scores = [100, 64, 48, 83]
02: print('scores', scores)
03:
04: score_sum = 0
05: for s in scores:
06:     score_sum += s
07:
08: score_ave = score_sum / 4
09:
10: print('合計：', score_sum)
11: print('平均：', score_ave)
```

問題2

解答例

```
01: students = {'佐藤': {'math': 100, 'english': 40, 'japanese': 65}, '丸山':
    {'math': 64, 'english': 98, 'japanese': 79},
02:             '三村': {'math': 48, 'english': 87, 'japanese': 92}, '古川':
    {'math': 83, 'english': 81, 'japanese': 74}}
03:
04: for k, v in students.items():
05:     print(k, v)
```

問題3

解答例

```
01: students = {'佐藤': {'math':100, 'english':40, 'japanese':65}, '丸山':
    {'math':64, 'english':98, 'japanese':79}, '三村': {'math':48, 'english':87,
    'japanese':92}, '古川': {'math':83, 'english':81, 'japanese':74}}
02:
03: while True:
04:     name = input('生徒名を入力してください->')
05:     if name in students:
06:         print(students[name])
07:         break
08:     else:
09:         print('存在しません')
```

問題1

解答例

```
01: def print_score(x, y, z):
02:     score_sum = x + y + z
03:     print('合計値:', score_sum)
04:     print('平均値:', score_sum / 3)
05:
06:
07: in_x = int(input('整数1を入力してください->'))
08: in_y = int(input('整数2を入力してください->'))
09: in_z = int(input('整数3を入力してください->'))
10: print_score(in_x, in_y, in_z)
```

問題2

解答例

```
01: def get_total(x, y, z):
02:     return x + y + z
03:
04:
05: def get_average(x, y, z):
06:     return get_total(x, y, z) / 3
07:
08:
09: in_x = int(input('整数1を入力してください->'))
10: in_y = int(input('整数2を入力してください->'))
11: in_z = int(input('整数3を入力してください->'))
12:
13: total = get_total(in_x, in_y, in_z)
14: average = get_average(in_x, in_y, in_z)
15:
16: print('合計値:', total)
17: print('平均値:', average)
```

問題3

解答例

```
01: def get_total(x, y, z):
02:     return x + y + z
03:
04:
05: def get_average(x, y, z):
06:     return get_total(x, y, z) / 3
07:
```

続く➡

```
08:
09: def get_student(name):
10:     students = {'佐藤': {'math': 100, 'english': 40, 'japanese': 65}, '丸山':
{'math': 64, 'english': 98, 'japanese': 79},
11:                 '三村': {'math': 48, 'english': 87, 'japanese': 92}, '古川':
{'math': 83, 'english': 81, 'japanese': 74}}
12:
13:     if name in students:
14:         return students[name]
15:     else:
16:         return {'math': 0, 'english': 0, 'japanese': 0}
17:
18:
19: in_name = input('生徒の名前を入力してください->')
20:
21: student = get_student(in_name)
22:
23: total = get_total(student['math'], student['english'], student['japanese'])
24: average = get_average(student['math'], student['english'],
student['japanese'])
25:
26: print('合計値:', total)
27: print('平均値:', average)
```

Chapter 8 練習問題 P.158

問題1

解答例

```
01: class Student:
02:     def __init__(self, in_name, in_math, in_eng, in_jpn):
03:         self.name = in_name
04:         self.math = in_math
05:         self.english = in_eng
06:         self.japanese = in_jpn
07:
08:     def show_detail(self):
09:         print('生徒名:', self.name)
10:         print('数学:', self.math)
11:         print('英語:', self.english)
12:         print('国語:', self.japanese)
13:
14:
15: name1 = input('生徒名を入力してください->')
16: math1 = int(input('数学の点数を入力してください->'))
17: eng1 = int(input('英語の点数を入力してください->'))
18: jpn1 = int(input('国語の点数を入力してください->'))
19: print()
```

```
20: name2 = input('生徒名を入力してください->')
21: math2 = int(input('数学の点数を入力してください->'))
22: eng2 = int(input('英語の点数を入力してください->'))
23: jpn2 = int(input('国語の点数を入力してください->'))
24: print()
25:
26: student1 = Student(name1, math1, eng1, jpn1)
27: student2 = Student(name2, math2, eng2, jpn2)
28:
29: print('<生徒1>')
30: student1.show_detail()
31: print('<生徒2>')
32: student2.show_detail()
```

問題2

解答例

```
01: class Student:
02:     def __init__(self, in_name, in_math, in_eng, in_jpn):
03:         self.name = in_name
04:         self.math = in_math
05:         self.english = in_eng
06:         self.japanese = in_jpn
07:
08:     def show_detail(self):
09:         print('生徒名:', self.name)
10:         print('数学:', self.math)
11:         print('英語:', self.english)
12:         print('国語:', self.japanese)
13:
14:     def get_total_score(self):
15:         return self.math + self.english + self.japanese
16:
17:     def get_average_score(self):
18:         return self.get_total_score() / 3
19:
20:
21: name1 = input('生徒名を入力してください->')
22: math1 = int(input('数学の点数を入力してください->'))
23: eng1 = int(input('英語の点数を入力してください->'))
24: jpn1 = int(input('国語の点数を入力してください->'))
25: print()
26:
27: student1 = Student(name1, math1, eng1, jpn1)
28:
29: student1.show_detail()
30: total1 = student1.get_total_score()
31: ave1 = student1.get_average_score()
32: print('合計点:', total1)
33: print('平均点:', ave1)
```

続く➡

問題3

解答例

```
01: class Student:
02:     def __init__(self, in_name, in_math, in_eng, in_jpn):
03:         self.name = in_name
04:         self.math = in_math
05:         self.english = in_eng
06:         self.japanese = in_jpn
07:
08:     def show_detail(self):
09:         print('生徒名:', self.name)
10:         print('数学:', self.math)
11:         print('英語:', self.english)
12:         print('国語:', self.japanese)
13:
14:     def get_total_score(self):
15:         return self.math + self.english + self.japanese
16:
17:     def get_average_score(self):
18:         return self.get_total_score() / 3
19:
20:
21: students = [Student('佐藤', 100, 40, 65), Student('丸山', 64, 98, 79),
22:             Student('三村', 48, 87, 92), Student('古川', 83, 81, 74)]
23:
24: name1 = input('生徒名を入力してください->')
25: flg = True
26:
27: for stu in students:
28:     if name1 == stu.name:
29:         stu.show_detail()
30:         flg = False
31:         break
32:
33: if flg:
34:     print('存在しません')
```

Chapter 9　練習問題　P.170

問題1

解答例

①__init__.py

②folder01

③import

④folder02.folder03

問題2

解答例

●script9-2.py

```
01: from answer9_2.studentclass import Student
02: from answer9_2.searchmethod import search_student
03:
04: name1 = input('生徒名を入力してください->')
05: stu = search_student(name1)
06: if stu is not None:
07:     stu.show_detail()
08: else:
09:     print('存在しません')
```

●searchmethod.py

```
01: from answer9_2.studentclass import Student
02:
03:
04: def search_student(name):
05:     students = [Student('佐藤', 100, 40, 65), Student('丸山', 64, 98, 79),
06:                 Student('三村', 48, 87, 92), Student('古川', 83, 81, 74)]
07:     for s in students:
08:         if s.name == name:
09:             return s
10:     return None
```

●studentclass.py

```
01: class Student:
02:     def __init__(self, in_name, in_math, in_eng, in_jpn):
03:         self.name = in_name
04:         self.math = in_math
05:         self.english = in_eng
06:         self.japanese = in_jpn
07:
08:     def show_detail(self):
09:         print('生徒名:', self.name)
10:         print('数学:', self.math)
11:         print('英語:', self.english)
12:         print('国語:', self.japanese)
13:
14:     def get_total_score(self):
15:         return self.math + self.english + self.japanese
16:
17:     def get_average_score(self):
18:         return self.get_total_score() / 3
```

Chapter 10　練習問題　P.188

問題1

解答例

```
01: from datetime import datetime
02: 
03: str1 = input('YYYY/MM/DDの型式で日付を入力して下さい->')
04: 
05: dt = datetime.strptime(str1, '%Y/%m/%d')
06: print(dt)
07: print(type(dt))
```

問題2

解答例

```
01: from datetime import datetime
02: 
03: str1 = input('YYYY/MM/DDの型式で日付を入力して下さい->')
04: 
05: dt = datetime.strptime(str1, '%Y/%m/%d')
06: ori = datetime(2020, 7, 24)
07: tdelta = ori - dt
08: 
09: print('東京オリンピック開会式まで', tdelta.days, '日です')
```

問題3

解答例

```
01: import random
02: 
03: dice1 = random.randint(1, 6)
04: print('サイコロ1', dice1)
05: dice2 = random.randint(1, 6)
06: print('サイコロ2', dice2)
07: dice3 = random.randint(1, 6)
08: print('サイコロ3', dice3)
09: 
10: if (dice1 + dice2 + dice3) % 2 == 0:
11:     print('合計は偶数です')
12: else:
13:     print('合計は奇数です')
```

Chapter 11　練習問題　P.203

問題1

解答例

```
01: f = open('students.txt', encoding='utf-8')
02: str1 = f.read()
03: print(str1)
04: f.close()
```

問題2

解答例

```
01: name = input('生徒名を入力してください->')
02: math = input('数学の点数を入力してください->')
03: english = input('英語の点数を入力してください->')
04: japanese = input('国語の点数を入力してください->')
05:
06: fw = open('students.txt', 'a', encoding='utf-8')
07: student = name + ',' + math + ',' + english + ',' + japanese + '¥n'
08: fw.write(student)
09: fw.close()
10:
11: print()
12: print('students.txtの内容')
13: print()
14:
15: f = open('students.txt', encoding='utf-8')
16: str1 = f.read()
17: print(str1)
18: f.close()
```

問題3

解答例

```
01: f = open('students.txt', encoding='utf-8')
02: list1 = f.readlines()
03: print('students.txtの内容をリストに格納します')
04: print(list1)
05: f.close()
```

問題4

解答例

```
01: from studentclass import Student
02:
03: f = open('students.txt', encoding='utf-8')
```

続く➡

```
04: l1 = f.readline()
05: l2 = f.readline()
06: l3 = f.readline()
07:
08: sline = l3.split(',')
09: stu = Student(sline[0], int(sline[1]), int(sline[2]), int(sline[3]))
10: stu.show_detali()
11: f.close()
```

Chapter 12　練習問題　P.217

問題1

解答例

```
01: import re
02:
03: str1 = input('携帯番号を入力してください->')
04:
05: if re.search(r'^0[0-9]0-[1-9][0-9]{3}-[0-9]{4}$', str1) is None:
06:     print('入力に誤りがあります')
07: else:
08:     print('正しい入力です')
```

問題2

解答例

```
01: import re
02:
03: f = open('students.txt', encoding='utf-8')
04: list1 = []
05:
06: print('students.txtの内容をリストに格納します')
07: line1 = f.readline()
08: while line1 != '':
09:     if re.search(r'^#', line1) is None:
10:         list1.append(line1)
11:     line1 = f.readline()
12: print(list1)
13: f.close()
```

問題3

解答例

```
01: import re
02: from studentclass import Student
03:
04: str1 = 'name:佐藤,math:100,english:40,japanese:65'
05: pattern = r'^name:(¥w+),math:([0-9]+),english:([0-9]+),japanese:([0-9]+)'
06: mo = re.search(pattern, str1)
```

```
07: t1 = mo.groups()
08: stu = Student(t1[0], int(t1[1]), int(t1[2]), int(t1[3]))
09: stu.show_detail()
```

Chapter 13　練習問題　P.233

問題1

解答例

```
01: def get_total(x, y, z):
02:     return x + y + z
03: 
04: 
05: def get_average(x, y, z):
06:     return get_total(x, y, z) / 3
07: 
08: 
09: num1 = 0
10: num2 = 0
11: num3 = 0
12: 
13: while True:
14:     try :
15:         num1 = float(input('数値1を入力してください->'))
16:     except:
17:         print('数値以外が入力されました')
18:     else:
19:         break
20: 
21: while True:
22:     try :
23:         num2 = float(input('数値2を入力してください->'))
24:     except:
25:         print('数値以外が入力されました')
26:     else:
27:         break
28: 
29: while True:
30:     try :
31:         num3 = float(input('数値3を入力してください->'))
32:     except:
33:         print('数値以外が入力されました')
34:     else:
35:         break
36: 
37: total = get_total(num1, num2, num3)
38: average = get_average(num1, num2, num3)
39: print('合計値:', total)
40: print('平均値:', average)
```

問題2

解答例

```
01: def get_total(x, y, z):
02:     return x + y + z
03:
04:
05: def get_average(x, y, z):
06:     return get_total(x, y, z) / 3
07:
08:
09: def check_number(num_str):
10:     try:
11:         return int(num_str)
12:     except:
13:         raise
14:
15:
16: num1 = 0
17: num2 = 0
18: num3 = 0
19:
20: while True:
21:     try:
22:         num1 = check_number(input('整数1を入力してください->'))
23:     except:
24:         print('整数以外が入力されました')
25:     else:
26:         break
27:
28: while True:
29:     try:
30:         num2 = check_number(input('整数2を入力してください->'))
31:     except:
32:         print('整数以外が入力されました')
33:     else:
34:         break
35:
36: while True:
37:     try:
38:         num3 = check_number(input('整数3を入力してください->'))
39:     except:
40:         print('整数以外が入力されました')
41:     else:
42:         break
43:
44: total = get_total(num1, num2, num3)
45: average = get_average(num1, num2, num3)
46: print('合計値:', total)
47: print('平均値:', average)
```